筑梦极地
四十年

陈瑜 —— 著  上海科技教育出版社

图书在版编目（CIP）数据

筑梦极地四十年 / 陈瑜 著. --上海：上海科技教育出版社，2025.6. -- ISBN 978-7-5428-8415-2

I. N816.61-49

中国国家版本馆CIP数据核字第2025YZ5637号

责任编辑　王　洋
装帧设计　李梦雪

筑梦极地四十年
陈　瑜　著

出版发行　上海科技教育出版社有限公司
　　　　　（上海市闵行区号景路159弄A座8楼　邮政编码201101）
网　　址　www.sste.com　www.ewen.co
经　　销　各地新华书店
印　　刷　上海华顿书刊印刷有限公司
开　　本　720×1000　1/16
印　　张　22.5
版　　次　2025年6月第1版
印　　次　2025年6月第1次印刷
书　　号　ISBN 978-7-5428-8415-2/N·1261
定　　价　98.00元

科学顾问（以汉语拼音为序）

艾松涛　武汉大学中国南极测绘研究中心副主任、教授

陈良标　上海海洋大学教授

程　晓　中山大学测绘科学与技术学院院长、教授

崔鹏惠　中国极地研究中心（中国极地研究所）机械师（曾任南极内陆首席机械师）

丁明虎　中国气象科学研究院全球变化与极地研究所所长、研究员

宫雪非　中国科学院南京天文光学技术研究所所长、研究员

韩惠军　黑龙江测绘地理信息局极地测绘工程中心正高级工程师

胡红桥　中国极地研究中心（中国极地研究所）副总工程师、研究员

琚宜太　中国煤炭地质总局副局长、教授

雷瑞波　中国极地研究中心（中国极地研究所）研究员

李院生	中国极地研究中心（中国极地研究所）原副主任、研究员
刘晓春	中国地质科学院地质力学研究所研究员（中国首批进入格罗夫山考察的科学家）
刘小汉	中国科学院青藏高原研究所研究员（中国首次南极科学考察队成员、首次格罗夫山考察队队长）
逯昌贵	中国气象科学研究院高级工程师（中国南极中山站首批越冬队员）
任贾文	中国科学院西北生态环境资源研究院研究员
沈 权	中国极地研究中心（中国极地研究所）高级船长
孙立广	中国科学技术大学极地环境研究室原主任、教授
孙启振	国家海洋环境预报中心极地环境预报室副主任、副研究员
孙 松	中国科学院海洋研究所原所长、研究员
仝来喜	西北大学地质学系研究员
王硕仁	中国极地研究中心（中国极地研究所）极地重大工程与装备研究院主任、正高级工程师
王彦斌	中国地质科学院地质研究所研究员
魏海坤	东南大学自动化学院原院长、教授
魏文良	国家海洋局极地考察办公室原党委书记兼副主任
夏立民	国家海洋局极地考察办公室原副主任
效存德	北京师范大学地表过程与水土风沙灾害风险防控全国重点实验室主任、教授
徐成丽	中国医学科学院基础医学研究所研究员、极地医学联合实验室常

	务副主任
杨关铭	自然资源部第二海洋研究所原条件保障处处长、研究员（中国首次南极科学考察队南大洋考察队队员）
杨元德	武汉大学中国南极测绘研究中心教授
张　林	国家海洋环境预报中心极地环境预报室原主任、正高级工程师
张清和	中国科学院国家空间科学中心太阳活动与空间天气全国重点实验室主任、研究员
张　涛	自然资源部第二海洋研究所研究员
张　翼	清华大学建筑设计研究院极地与未来建筑研究中心主任、高级工程师
张正旺	国际鸟类学家联合会委员、中国动物学会鸟类学分会主任委员、北京师范大学教授
赵　军	自然资源部第二海洋研究所副研究员（中国第37次南极科学考察队首席科学家）
朱李忠	黑龙江测绘地理信息局极地测绘工程中心副主任（主持工作）、正高级工程师

专家推荐

极地是地球气候敏感区和生态脆弱带,是当今全球气候变化、碳循环和生物多样性等研究的重点和热点区域。对我国而言,认识极地、保护极地、利用极地事关国家发展大局。

陈瑜同志追踪报道极地多年,她历经数载撰写的《筑梦极地四十年》一书,以开阔的视野回溯了中国极地事业从无到有、由弱变强的历程,也以感人的笔触致敬了中国极地科考工作者的艰苦卓绝。读后让人感到振奋和鼓舞。

这是一本传播我国南极精神的重要著作,衷心期待它的出版能吸引更多的人投入到极地科考中来,共同推动我国极地事业再创新辉煌。

—— 徐冠华
中国科学院院士、科技部原部长

充满神奇奥妙的南北极令人心驰神往,但能涉足南北极的人仍是少数。《筑梦极地四十年》作者以亲身的经历和多彩的照片,将神秘的冰雪世界和地球极端的自然景观呈现在世人面前，让人心旷神怡，耳目一新，确有身临其境之感，没有去过极地的人也会感受到极地科考的独特魅力和价值。

—— 刘嘉麒

中国科学院院士、火山地质与第四纪地质学家

　　中国极地科学考察的四十年，也是中国向海洋强国迈进的四十年。本书以翔实的史料与动人的笔触，展现了我国从极地边缘参与者到规则制定者的蜕变之路。今年是中国发起南极冰穹Ａ天文观测计划二十周年，是中国天文工作者参加南极冰穹Ａ天文观测第十八年。现在，后起之秀不断涌现，南极天文更有希望！

—— 崔向群

中国科学院院士、天文学家、国家重大科学工程"大天区面积多目标光纤光谱望远镜"（LAMOST）项目总工程师

　　地球南北极秘境风貌、神奇事物的精彩书写。
　　中国科学家探索奋斗、科考征程的深情回望。
　　自然科学与人文历史融合，理想与现实交汇。
　　欣赏极地壮美画卷，请读《筑梦极地四十年》。

—— 尹传红

科普时报社社长、中国科普作家协会副理事长

序

2024年是中国极地考察40周年。40年前，中国开始南极考察，这项功在当代、利在千秋的伟大事业，是人类对未知世界的探索，是为我国未来的发展谋求战略空间。

一直以来，党和国家领导人高度重视极地考察工作。

1984年，在首次南极科学考察前，邓小平同志为考察队题词："为人类和平利用南极做出贡献"。1998年，当中国正在实施第14次南极科学考察之际，江泽民同志亲笔题写了"中国南极长城站"站名。2004年6月21日，胡锦涛同志致电祝贺南极仲冬节；2010年2月，在中国南极昆仑站建成一周年之际，胡锦涛同志又为昆仑站题写了站名。

党的十八大以来，习近平总书记对极地考察工作的重视一以贯之：2013年6月，南极仲冬节之际，他向南极考察站工作人员致电慰问；2014年1月，"雪龙"号遇冰被困，他第一时间作出重要指示；同年2月，他致信祝贺中国南极泰山站建成并投入使用；同年11月，他慰问中澳南极科考人员并考察"雪龙"号；在2020年新年贺词中，他专门提到了"雪龙2"号首航南极；2024

◎ 中国第 5 次南极科学考察队行进中的一幕(魏文良供图)

年 2 月 7 日，龙年春节前夕，中国南极秦岭站建成并投入使用，他致信表示热烈祝贺，并向广大极地工作者致以诚挚问候和美好的新春祝福；在不同国际场合，他多次提出深化极地等领域合作……总书记的重要指示批示为新时代新征程我国极地事业发展指明了前进方向，提供了根本遵循。

40 年前，中国的极地事业是在一张白纸上起步的，没有一个极地考察站，没有一艘专业极地科考船。40 年来，我国在西南极的乔治王岛上建立了长城站，在东南极大陆拉斯曼丘陵上建立了中山站，在南极内陆最高点的冰盖上建立了昆仑站，接着又建立了泰山站、秦岭站。科考船舶也经历了多次更新换代，现在已拥有"雪龙"号和"雪龙2"号这样的现代化考察船；建立起以固定翼飞机、直升机为支撑的空中保障系统；几十辆雪地车奔驰在冰海雪原，确保了内陆运输的顺利进行。这些都有力支撑和拓展了我国南极考察的领域和空间，有效地维护了我国的南极权益。2017年，我国成功承办第 40 届南极条约协商会议，并在会上牵头提出"绿色考察"倡议。我国将国内海洋保护利用行动与履行国际条约和义务相结合，展现了负责任大国的担当。

1988 年 11 月 20 日，作为船长，同时也是中国第 5 次南极科学考察队的一员，我站在"极地"号驾驶台上拉响汽笛，开始远征南极，目的是建设中山站。这是一次填补自郑和下西洋 600 多年航海史空白的航行，是一次开拓中国南极考察新领域的里程碑式航行，也是一次将五星红旗插上南极大陆的航行。当然，这也是一趟艰辛的、对未知领域的探索之旅。

浩瀚大洋，茫茫冰海，无数困难在等待着我们。

当"极地"号进入南大洋西风带航行时，船只摇摆幅度在 38 度左右，为确保安全穿越西风带，我在驾驶台一干就是 60 多个小时。船舶进入南极洲后，越往南航行，海冰密集度越高，由于长时间与海冰碰撞，船舶形成了一个宽 60 厘米、高 1.1 米的大洞，300 多吨海水灌进船舶船舱，对船舶安全构成威胁。

"极地"号好不容易带着累累伤痕航行 20 多天到达南极，在船舶距冰盖几百米处又发生了意想不到的特大冰崩，并因此被困。

连续7天，我没有上床休息过，常常站在驾驶台，用方位镜监测冰山变化情况，最终在两座冰山间出现的缝隙里成功突围。

突围出去后，我们又重新选择登陆点。在不到40天时间里，只要具备气象条件，小艇昼夜不停，将船上3000多吨建站物资运送到岸边，将中山站建了起来。

中山站落成那天，由于天气原因，为了"极地"号的安全，我和船员选择在海上坚守。当在驾驶台用望远镜看到五星红旗在南极大陆上空升起时，我不由得流下激动的泪水。

退休前，我曾5次作为船长、7次作为考察队领队和党委书记参加南极考察，2次前往北极黄河站。退休后，我多次作为顾问，奔赴南极。在这过程中，我见证了我国极地事业发展之初的艰辛与荣光。如今回想这些经历，我依然心潮澎湃。我可以很自豪地讲，我把青春献给了中国极地考察事业，在冰海雪原谱写了人生辉煌。

1985年，《红旗》杂志发表社论《南极精神颂》，首次提出爱国、求实、创新、拼搏的"南极精神"。这些年，我也总在想，是什么力量让中国极地考察在40年里走完了西方发达国家需要百年才能走完的路？是什么力量让极地工作者在一次次生死攸关的考验中战胜困难，化险为夷？是什么力量让我们在一次次艰苦卓绝的困境中鼓起勇气，缔造奇迹？答案就是"南极精神"。这是队员们在考察中不畏艰险、不怕牺牲的英雄主义精神；是遵守纪律、团结一致、齐心协力的集体主义精神；是脚踏实地、一丝不苟、严肃认真的求实精神；是艰苦奋斗、努力振兴中华的爱国主义精神。正是这种精神，造就了这支特别能吃苦、能战斗、能奉献的队伍；正是这种精神，让中国极地考察事业赢得了世界的尊重；正是这种精神，让中国极地考察事业即使在物资匮乏的年代也能不断创造新的辉煌。

抚今追昔，今天我国的极地科考后勤保障能力大幅提升。40年来，我国将极地科学研究作为认识极地、保护极地、利用极地的重要途径，持续加大极地基础科学研究力度，积极开展国际极地科学前沿问题研究，在极地冰川学、空间科学、气候变化科学等领域取得一批突破性成果。依托极地考察活动，我国组织全国科研力量和资源参与极地科学研究，初步建立了一支门类齐全、体系完备、基本稳定的科研队伍，推动极地科学研究由单一学科研究向跨学科综合研究发展。

但我们也要看到，今天的南极，风雪严寒依旧。与发达国家相比，我国科研人员进出南极的通道还相对有限，在南极有效的工作时间仍很受限。因此，讲好南极故事，宣传好南极精神，在某种程度上，可以助推中国极地考察事业取得新的辉煌。

站在中国极地考察40年的时间节点上，由参加过极地考察随船报道的《科技日报》记者来撰写一本系统反映40年极地科学研究成就的书籍，是最合适不过的事。当然，极地考察涉及的学科庞杂，要从40年里筛选出有代表性的成果，并获得业内人士的认可，是一件挺不容易的事，也是一件特别有意义的事。

从书籍的章节布局到具体行文，我和作者进行了多轮沟通。我很欣喜地看到，本书较为全面地梳理了中国极地事业从无到有、从弱到强的发展历程中真正有代表性的科研成果，并讲述了成果背后的故事。同时，作者访谈了很多科研人员，并在成稿后请人把关技术细节，这也使得文章不仅具有很强的可读性，还增强了科学性，对普及极地科学知识具有重要意义。

于我而言，这本书带我重温了几十年极地人生中不能忘记的往事。当然，我愿意将它向公众推介，希望能够让更多人关心极地、热爱极地，更深入地理解地球南北极之于中国和世界的意义。

魏文良

国家海洋局极地考察办公室原党委书记兼副主任

2024年8月

◎ 柔软的雪(夏立民摄)

目　录

序　章　探本溯源：勇者开疆筑传奇　／01

第1章　极境铸基：考察站迭代焕新　／19

第2章　冰域拓维：水路升级陆海空　／43

第3章　器新致远：装备升级拓极途　／71

第4章　测绘升级：经纬雪原谱新篇　／93

第5章　绚彩极光：星河泼墨绘画卷　／113

第6章　冰川密语：冰层刻写时光信　／133

第7章　问天探宇：南极高点巡星河　／157

第8章　地质书页：岩芯层叠记沧桑　／177

第9章　生态前哨：极地精灵拨律吕　／203

第10章　穿洋越海：劈波斩浪向深蓝　／237

第11章　观风测云：万千气象收眼底　／259

第12章　大道同行：绘命运与共蓝图　／283

第13章　雪域仁心：筑生命守护屏障　／305

第14章　双翼齐飞：守极地记忆遗产　／319

后　记　／333

主要参考文献　／337

◎ 冰海升明月（辛欣摄）

———————— 序　章

探本溯源
勇者开疆筑传奇

自古以来，人类一直渴望了解我们赖以生存的这颗星球。大航海时代的地理大发现，使人类对地球的面貌有了越来越全面的认识，最终仅剩下那些寒冷的无人区留待人类去征服，而极地就是人类探索地球全景的终极边疆之一。

作为最后一块被发现的大陆，南极吸引了无数无畏的探险家。从18世纪后半期到20世纪初，罗阿尔·阿蒙森、罗伯特·福尔肯·斯科特等人冒着生命危险，竞相徒步向南极点挺进，书写了一段段充满英雄主义色彩的壮丽篇章。

几乎在同一时期，为开辟新航线，探险家们前仆后继，穿越覆盖在北冰洋上的厚厚冰盖，向北极点发起了体育竞赛式的冲刺。1909年，美国人罗伯特·埃德温·皮里带领探险队徒步到达北极点，成为第一个征服北极的人。

20世纪中叶后，随着科学的不断发展与人类对极地认知的深入，科学考察成了极地探索的主流。各国纷纷建立极地科学考察站，开展地球气候变化、生物多样性、地质构造等多个领域的前沿研究，极地探索进入了科学时代。

◎ 九个太阳（傅炳伟摄）

序　章
探本溯源

中国的极地探索始于科学时代，是由一群智慧卓越、不畏艰险、勇于担当的科学家经数十年筹备，奋力发起的。他们怀揣着对未知世界的无限好奇和对科学真理的执着追求，克服重重困难，以国家需求为己任，拉开了我国极地科学考察的帷幕。放眼全球，南极大陆被发现至今不过200多年，而作为后来者，我国开展南极考察才走过40载春秋，组织北极考察仅有25年历史。但是，在无数极地科研人员的不断努力下，我国的极地考察事业取得了巨大的成就，为我国在国际极地事务中赢得了话语权。在这过程中，有许许多多的人和事值得我们铭记，值得我们敬佩！

我国的极地考察事业是从南极起步的。在回顾我国极地事业所取得的瞩目成就之前，我们有必要详细了解一下南极探索的历史，并回顾中国首次南极科学考察是如何从酝酿走向实现的。

南极探索：从英雄时代到科学时代

南极洲地处地球最南端，是世界上唯一没有土著居民的大陆。由于它常年被冰雪覆盖，气候严寒，四周又被浩瀚的大洋包围，远离其他大陆，因此，长期以来，人类无法接近。早在公元2世纪，"未知的南方大陆"的传说就在世界各地盛传，它就像是地球上的最后一块拼图，等待着人们去发现和拼接。

英雄时代

18世纪后半期，随着帆船制造业和航海技术的重大发展，英国海军上将詹姆斯·库克最早选择南进。1772—1775年，受英国政府的派遣，库克率领"决心"号和"冒险"号两艘独桅帆船，勇敢地冲破风浪，3次穿过南极圈。这不仅仅是一次环球航行，更是对人类极限的勇敢挑战，对未知世界的大胆追求。

1774年1月29日，船队往南航行，创造了人类航海史上的新纪录——抵达南纬71度10分（现今阿蒙森海所在区域），距离南极海岸只有200

多千米之遥。眼看人类似乎要提前一个世纪发现南极大陆了。然而,天有不测风云,库克的船队被巨大的冰障挡住去路,无可奈何,只能打道回府。他在给女王的报告中说:"将来无人会推进到更远的南方,如果真有人能做到,我也不会妒忌和羡慕他所获得的声誉,我敢说,世界不会因为那一发现而获得任何益处。"

虽然巨大的冰障挡住了库克船长南下的路,但他的精神和勇气就像一束光,照亮了后来探险家的道路。

时间很快来到了19世纪。1819年,威廉·史密斯船长发现了南设得兰群岛的利文斯顿岛,并宣布它属于英国。这个发现更加坚定了后来者探索南极大陆的决心。

紧接着,以法杰伊·法捷耶维奇·别林斯高晋为队长的俄国南极探险队,乘"东方"号和"和平"号挺进南极,到达南纬69度22分,此地距南极大陆仅20多千米。遗憾的是,因天气突变,冰障重叠,最终他们无功而返。

次年10月,别林斯高晋再次受命南下,并于1821年1月,在南极半岛西侧的南极大陆附近发现了两个小岛,分别用俄国沙皇的名字命名为彼得一世岛和亚历山大一世岛。为此,俄国人一直以南极第一发现者自居。

◎ 冰清玉洁(夏立民供图)

为了表彰别林斯高晋南极探险的功勋，沙皇还特别把亚历山大一世岛附近的海域命名为"别林斯高晋海"。

与此同时，美国的帕尔默船长也在南极半岛附近发现了新的岛屿，这些岛屿后来以他的名字命名。

在南极大陆的发现史上，究竟谁是"第一个"发现南极大陆的人，并没有一个明确的答案。这主要是因为在那个时代，探险活动的信息传递并不像今天这样迅速和准确，而且不同的探险队可能在不同的时间、不同的地点看到了南极大陆的不同部分。但不可否认的是，1820—1840年，有多位探险家对南极大陆的发现做出了重要贡献，其中包括法国的迪蒙·迪维尔和美国的查尔斯·威尔克斯。

迪蒙·迪维尔是一位法国探险家，他在1840年1月从澳大利亚出发，向南航行并最终目睹了南极大陆的一部分。为了纪念他的妻子，他将这片土地命名为阿德利地。迪维尔的探险活动不仅为完善南极大陆的地理知识做出了贡献，也为后来的南极研究提供了宝贵的信息。

美国海军军官查尔斯·威尔克斯也在相近的时期进行了南极探险。他的探险队在海上观察到了被冰雪覆盖的南极大陆，这一地区后来被称为威尔克斯地。威尔克斯的发现同样对南极大陆的认识具有重要意义。

1840年，英国人詹姆斯·克拉克·罗斯爵士率领一支破冰船队从澳大利亚出发向南航行，穿过了南极大陆的浮冰海域。虽然罗斯没有到达南极大陆，但他们已航行到现今的罗斯海湾，同时考察了罗斯海南面的长达800千米、高为10—70米的罗斯冰障，并发现了一些岛屿，为南极探险开辟了新航路。

到了20世纪初，探险家们不再满足于发现南极大陆，而是开始向南极点挺进。这是一场真正的竞赛，一场勇气和智慧的较量。在这一时期，最具代表性的两支探险队是英国人斯科特率领的英国探险队和挪威人阿蒙森率领的挪威探险队。

1911年10月，斯科特率队从麦克默多的基地出发，而阿蒙森率队从罗斯海冰架的鲸湾基地出发，两队不约而同地向南极点挺进，成了不宣而战的竞争者。阿蒙森的队伍明智地选择了适应极地严酷环境的爱斯基摩狗作为运输工具，而斯科特的队伍则依赖于西伯利亚矮种马。在这场与自然的较量中，阿蒙森队最终赢得了胜利，于1911年12月14日成功抵达南极点，成为世界上第一支到达南极点的团队，并在那里插上了挪威的国旗。有意思的是，阿蒙森本人还亲自驾驭狗拉雪橇，以南极点为圆心、20千米为半径绕了一圈，完成了一次独特且效率极高、距离最短的"环球旅行"，随后于12月18日率队离开南极点。

这些勇敢探险家们的事迹将永远载入人类探索未知世界的光辉史册。

航空时代

1903年，莱特兄弟成功实现了人类历史上第一次持续的、有控制的动力飞行，这标志着飞行时代的开启。随后几十年里，飞机技术经历了从最初的木质结构到金属结构的转变，发动机性能也显著提升，飞行速度、航程和载重能力均大幅提高。正是在这样的背景下，飞机开始用于南极考察。这意味着探险家们能够以前所未有的速度和效率对这片遥远的大陆进行探索，极大地扩展了人类对南极洲的认识。

1928年11月，英国人休伯特·威尔金斯爵士从欺骗岛起飞，首次在南极半岛上空进行了长距离观测和航空摄影。

紧接其后，美国的理查德·E.伯德上将，在1929年11月29日，首次完成了飞越南极点的航行和空中摄影。这是人类历史上的又一壮举，伯德的航行不仅证实了南极点的存在，还通过空中摄影为南极洲的地图绘制提供了宝贵资料。1933—1935年，伯德再次利用飞机在玛丽·伯德地进行考察，通过航空测绘证明了罗斯海和威德尔海并不相连，从而确认了南极大陆是一个整体。这一发现对于理解南极洲的地理结构具有重要意义。

1935年，美国的林肯·埃尔斯沃思和赫伯特·霍利克-凯尼恩进行了一次具有里程碑意义的飞行。他们从南极半岛的邓迪岛起飞，完成了一次长达3700千米的飞行，其间4次着陆南极大陆。这次飞行首次证实，飞机可以在南极大陆进行有效的科学考察。飞行中他们还发现了森蒂纳尔岭和霍利克-凯尼恩高原,为南极地理学增添了新的篇章。

1938—1939年,德国考察队在阿尔弗雷德·里彻的带领下,对毛德皇后地进行了广泛的航空摄影,覆盖了约35万平方千米的陆地,为德国企图对南极大陆提出领土要求积累了资料。

20世纪中叶,随着航空技术的进步,美国在1946—1947年派遣一支规模庞大的南极考察队,出动大量的飞机和其他装备,进行了广泛的航空测绘和摄影。这次考察不仅确定了多个山脉的位置,还利用直升机进行了创新性的科学探索。

这些航空探险活动极大地推动了南极科学研究的进展,为后来的南极考察和研究奠定了坚实的基础。通过航空手段,人类对南极洲的认识变得更加深入和全面,也为南极洲的保护和管理提供了重要的依据。

科学时代

国际地球物理年(1957—1958年)是南极探索的一个重要转折点,它标志着南极科学时代的正式开启。在这一时期,来自世界各地的科学家齐聚南极洲,共同开展了一系列前所未有的科学考察活动。

在此期间,12个国家在南极洲建立了67个考察站,形成了一个以南

◎ 冰山与云(赵元宏摄)

极大陆为中心的观测站网络，为全球科学家提供了一个独特的研究平台。南极考察项目涉及多个学科领域，包括极光研究、宇宙射线探测、地磁测量、冰川学考察、重力场研究、电离层物理学、气象学观测和地震学分析等，这些项目的实施极大地推动了相关学科的发展，使人们对南极大陆有了更全面、更深入的了解。科学成就不仅体现在研究成果上，更重要的是，它促进了国际合作与交流，展示了和平利用南极大陆进行科学研究的可能性。在科学家们的一致呼吁下，联合南极考察延期一年，并将1959年称为国际地球物理合作年。

国际地球物理年（1957—1958年）的成功经验直接促成了南极研究科学委员会的成立，并成为1959年缔结《南极条约》的基本原则和宗旨。《南极条约》确认了南极洲作为和平与科学研究的场所，为此后的南极科学活动提供了法律框架和指导原则。

随着时间的推移，南极科学研究得到了全球越来越多的关注和投入。各国不仅在南极洲建立了永久性的考察站，还逐年增加了对南极科学研究的人力、物力和财力投入。例如，美国的南极科学考察经费从1955年的478.9万美元增加到1990年的15 168.0万美元，增长了30多倍。

到了20世纪80年代，南极科学研究已经成为全球科学界的一个重要领域。更多的国家加入了南极科学研究的行列，建立了自己的考察站，并开展了一系列的科学考察活动。根据1990年的统计，共有18个国家在南极地区拥有48个科学考察站，并在冬季坚持进行科学考察活动。

总体来看，国际地球物理年（1957—1958年）不仅开启了南极科学研究的新时代，还为全球科学家提供了一个合作与交流的平台，推动了南极科学研究的深入发展。这些科学活动不仅增进了人类对南极洲的认识，也为全球气候变化、地球物理学和环境科学等领域的研究做出了重要贡献。

南极考察在中国酝酿

当以挪威人阿蒙森为首的探险队到达南极点时，我国正处在晚清和民国的交替之际，由于各种各样的历史原因，对中国人而言，南极仅是一个停留在书本层面的幻想。

20世纪20—30年代，我国翻译并出版了数本有关南极方面的文献，初步介绍了南极的相关知识。在国际地球物理年（1957—1958年）期间，美国、苏联等12个国家对南极洲开展广泛的科学考察，越来越多的科考站出现在南极广袤的冰原上，而当时的中国并未参与其中。

早期筹备

与国外早期英雄时代的南极探险不同，中国的南极考察事业很大程度是由科学需求驱动的。1957年，我国著名气象学家、地理学家、中国科学院副院长竺可桢教授指出：中国是一个大国，要研究极地。地球是一个整体，中国的自然环境的形成和演化是地球环境的一部分，极地的存在和演化与中国有密切的关系。

基于这个建议，后来担任中国科学院兰州冰川冻土研究所所长的谢自楚被派到莫斯科大学学习极地冰川专业，他是我国首位学习该专业的留学生。1958年和1959年的夏天，谢自楚两次奉派赴北极实习，有幸领略了北极的风光，并因此成为中国北极科考第一人。

1960年回国后，谢自楚被分配到兰州大学地理系任助教。1962年被调到中国科学院地理研究所冰川冻土研究室工作，25岁任天山冰川考察队队长。1966年，谢自楚登上了珠穆朗玛峰。此后，他又两次登上珠峰，是中国为数不多的3次登上珠峰的科学家之一。

谢自楚怀揣着一个多年未竟的梦想——去南极考察，并一直致力把南极考察推上中央和国家的议事日程。从1962年春开始，到1963年春季，党中央、国务院动员和组织各方面的专家、学者，制订了《一九六三年至一九七二年科学技术发展规划》，一些科学家提议，中国应开展南极科学考察工作。

1964年2月11日，中共中央批准成立了国家海洋局，并首次把南极考察正式列入了国家的议事日程。国家海洋局被赋予的6项任务中，包括

"将来进行的南、北极海洋考察工作"。

1977年5月25日,国家海洋局提出了"查清中国海、进军三大洋、登上南极洲"的规划目标,并委托海洋科技情报研究所从事国外南极考察方面的情报研究。同年年底,海洋科技情报研究所向国家海洋局提交了题为"南极和南极考察"的情报研究报告,首次较详细地介绍了南极考察的意义、历史、现状和发展动向。

1977年冬,谢自楚赴京参加中国科学院地学部组织的一次工作会议。会上,地学部一位负责同志问他:"我们搞西藏综合考察,影响很大,你下一步抓什么大课题?"谢自楚不假思索就回答:"抓南极。"话音未落,这位负责人笑着说:"抓南极,谈何容易,苏联当年考察南极是海军护送的。"

诚如其言。当时"文革"刚结束,国家正处于百废待兴阶段,我国的南极考察工作才开始积极酝酿。

1978年年初,中国科学院海洋研究所曾呈奎教授写信给方毅副总理,建议中国积极开展南极考察工作。信中提出,下一届国际地球物理年将于1982年举行,其重点任务之一是开展南极考察,作为一个拥有世界四分之一人口的大国,中国理应积极参加这项工作,为将来两极资源的开发利用准备条件。方毅副总理于1978年6月26日批示:南极考察是一个大项目,由国家海洋局研究实施。

◎ 国家海洋局成立初期的办公大楼(中国极地研究中心*供图)

---

* 中国极地研究所成立于1989年10月10日,2003年更名为中国极地研究中心(中国极地研究所),本书中若无特殊情况,仅使用中国极地研究中心的名称。

国家海洋局经过认真研究后，于1978年8月21日向国家科学技术委员会（以下简称国家科委）提交了《关于开展南极考察工作的报告》。报告中提到，中国及早地开展南极考察，不论在政治上、科学上、经济上都具有重要意义，而且，就目前中国的工业和技术水平来看，有条件争取早日实现这一目标。报告同时建议国家科委召集有关部门开会，讨论成立国家南极考察委员会（以下简称南极委），听取各单位对南极考察工作的意见，商定中国首次南极科学考察的方案及各项准备工作的要求与分工，研究南极考察船的建造或购买问题，草拟关于开展南极考察的请示报告。

时隔近两个月，1978年10月10日，国家海洋局向国务院提交了《关于开展南极考察工作》的请示报告。经国务院领导批阅同意后，国家科委于1980年5月12日召集国家计划委员会、外交部、财政部、国家海洋局、中国科学院等19个部、委、局的领导，开会商讨成立南极委的有关事宜。与会各部门一致赞成开展南极考察工作，并同意成立南极委。经国家科委多次与有关部门商量后，又于1981年1月20日召集有关部门负责人开会，会后，正式向国务院提交了《关于成立国家南极考察委员会的报告》。

1981年5月11日，国务院正式批准了国家科委提交的报告。至此，中国南极考察事业的领导机构诞生了。它标志着南极考察在中国长达几十年的酝酿时期的结束，也标志着中国即将开启南极考察活动。

南极委隶属于国务院领导，其成员由国务院有关部、委、局和军队系统的有关部门派员兼任。国家科委副主任武衡担任南极委主任委员，外交部副部长章文晋、国家科委二局副局长林汉雄、国家海洋局副局长律巍、中国科学院副秘书长赵北克和海军副参谋长范豫康担任南极委副主任委员，其他15名委员分别来自财政部、教育部、地质部、石油工业部、交通部、一机部、三机部、四机部、六机部、中国气象局、解放军总参谋部、国家测绘总局、国家水产总局、国防科委和海军等15个部门。

南极委成立后，于同年9月15日设立了日常办事机构国家南极考察委员会办公室（以下简称南极办），由国家海洋局代管。南极办主任由国家海洋局副局长律巍兼任，郭琨和高钦泉担任副主任。南极办在南极委和国家海洋局的领导下，开始积极筹划中国的南极考察工作。

请进来与走出去

1981—1984年，南极委先后邀请日本、澳大利亚、阿根廷、智利、英国等国的南极专家学者来华参观访问，并通过座谈会、学术报告会的形式，向中国有关人员介绍了他们国家的南极考察概况、南极科学研究进展、建站经验等，使正在准备南极考察的中国人受益匪浅。

此外，我国还选派多名科技人员到外国南极站学习。1977年10月27日，以国家海洋局局长沈振东为团长的中国代表团赴巴黎出席海委会第十届大会。会议结束后，代表团受邀参观法国南极考察委员会。在参观过程中，沈振东目睹了法国的考察站、科研成果及丰富多彩的图片资料，便问法国南极考察委员会的负责人，如果中国派人跟随法国科考队参加南极度夏考察，法方是否愿意接纳。法方对此表示了肯定态度。

代表团回国后，经双方多次联系沟通，最终确定中国可以派4名人员参与考察。随后，法国为他们准备了服装、南极用品等，并约定在菲律宾上船。国家海洋局确定了4名人选：陈德鸿、马少勇、李全兴和一名翻译。负责海洋局外事工作的刘汉惠为他们办理出国手续。

被选上的4人住在海军招待所，填写表格、进行体检、购买相应物品等，做着出发前的准备工作。然而，就在一切准备就绪之际，外交部给刘汉惠打来电话，告知法国发来照会，由于他们正在进行总统大选，不便安排中国人参与南极度夏科考。

刘汉惠与4位被选者心里一凉："哎，都准备好了，就这样吹了。"

1979年，澳大利亚南极考察委员会给时任中国科学院秘书长钱三强写了一封邀请信，诚邀中国派人到澳大利亚南极站度夏。随后，外交部给刘汉惠打电话，询问他对此项任务是否有兴趣。

刘汉惠一听就兴奋起来，马上表示很有兴趣。紧接着，他与国家海洋局科技部副部长魏鹏来到外交部。但是，外交部主管领导说，那封信是写给中国科学院的，国家海洋局参与不大妥当。经过协商确定，最终采取折中的方式：中国科学院和国家海洋局各派出一人。

为此，国家海洋局干部处对6名候选人进行了详细了解。由于董兆乾的英语口语能力强，业务能力、办事能力也不错，他被确定为最终人选。

1980年1月，董兆乾和中国科学院的张青松随澳大利亚科考队登上了南极大陆。

在本次南极科学考察活动接近尾声时，张青松了解到，澳大利亚戴维斯站尚未有人专门从事湖泊沉积和贝壳化石的研究，而这正是他的"老本行"。于是，他向澳大利亚南极局局长提出加入1980—1981年澳大利亚戴维斯站越冬考察队的申请，对方欣然应允。这一次，他的科学考察工作从南极之夏的极昼开始，历经漫长而寒冷的严冬，张青松也因此成为"中国南极越冬科考第一人"。

继董兆乾和张青松之后，截至1984年10月，南极委先后选派吕培顶、谢自楚、卞林根等20名科研人员赴外国南极考察站。1981年11月，谢自楚终于以冰川学家的身份，参加澳大利亚南极考察队，双脚实实在在地踏在了南极大陆上。为了这一刻，他准备了整整25年！

◎ 1980年1月12日，董兆乾（左一）、张青松（左三）和澳大利亚南极局局长麦克（左二）等人在飞赴南极前合影（中国极地研究中心供图）

同年11月，41岁的颜其德（后来担任中国极地研究中心党委书记）作为第二批赴澳人员，与澳大利亚南极科考队进行合作考察。颜其德说："名义上是合作考察，其实就是坐着人家的船，按照人家的计划，到人家的站上去打小工。"尽管如此，他们在南极的工作经历，不仅为中国极地科学研究积累了宝贵的第一手资料，也为中国人独立组织南极科考奠定了坚实的基础。

拉开序幕

1983年5月9日，第五届全国人大常委会第二十七次会议通过了中国加入《南极条约》的决议。同年6月8日，中国驻美国大使章文晋向条约保存国美国政府递交了加入书，从此，中国正式成为《南极条约》的缔约国。此时的中国，就像一个刚刚拿到俱乐部入场券的新成员，满怀憧憬与热情，迫不及待地准备加入南极这个神秘与充满魅力的极地派对。

1983年年底，颜其德和董兆乾应国家海洋局和南极委之召，到北京接受任务，国家海洋局和南极办的领导接见了他们。郭琨动情地说："国家正在制定到南极建科学考察站的规划。到南极建站是一件刻不容缓的事，尽管今年6月我国加入了《南极条约》，但我国在南极没有建立自己的科学考察站和独立组织考察队赴南极考察，尚未取得《南极条约》协商国的地位。在联合国5个常任理事国中，唯有中国对南极事务没有表决权，这与10亿人口的社会主义中国的国际地位是很不相称的。"

郭琨同时提到，1983年7月举办的"国家南极考察展览"上，很多观众在留言簿上询问我国什么时候能在南极建站，表达了强烈的期待。南极委希望颜其德和董兆乾两人在春节以前把方案搞出来，以便其向国务院写报告，推动我国自己的南极考察工作。

回到杭州后，因董兆乾另有任务，编写方案的任务就落到了颜其德一个人身上。在自然资源部第二海洋研究所（以下简称海洋二所）领导的支持下，颜其德把其他工作都放下，集中精力搞方案。制定在南极建站的计划，在我国没有先例可循，难度很大。颜其德能依靠的仅是他于1981

年赴澳大利亚参加南极考察时搜集到的十分有限的南极资料和经验。克服种种困难,一个多月后,颜其德总算写出了一份3万多字的《中国首次南大洋和南极考察总体方案》。

该方案经海洋二所学委会讨论修改后送到北京。1984年2月24—26日,国家海洋局和南极办组织了一场大型方案论证会。颜其德在会上介绍了方案的编写思路,并进行了答辩。

按照原方案,计划到东南极考察,时任国家海洋局局长的罗钰如正好刚从西南极考察回来,他在会上做了慷慨激昂的发言,主张应立即在南极建立考察站并优先考虑西南极。原因是西南极自然条件和海冰情况比较好,即使没有破冰船也能到达。

罗钰如的意见引起了与会代表的重视。颜其德在方案中提出,可以租用其他国家的抗冰船到东南极去,澳大利亚的南极考察队就是采取租用丹麦抗冰船的方法来解决的,但与会人员认为,中国首次去南极考察应该显示自己的国威,用我国自己造的船去。

会议决定,让颜其德根据与会代表的意见,在3月4日前提交一个修改方案,计划于1984—1985年度(原计划1985—1986年度)前往西南极建站。

回到杭州后,颜其德投入到日夜奋战的紧张工作中。他提出了单船和双船前往西南极的两个方案,并经海洋二所学术委员会讨论通过后上报。国家海洋局、南极办以颜其德的方案为基础,精简后以国家科委、国家海洋局、海军、南极委、外交部等五部门的名义向国务院报告。巧合的是,1984年2月7日,32名专家学者向中共中央、国务院提交了一封联名信。这些科学家中有第一批参与珠穆朗玛峰登山科学考察队的王富葆教授,也有时任中国科学院副院长的孙鸿烈教授,还有冰川学家谢自楚。他们有一个共同的身份——竺可桢野外科学工作奖获得者。可以说,这是中国从事野外科学考察的科学家集结了所有可以集结的力量,真诚地写下的一封联名信。

联名信痛陈中国考察南极的重要性和迫切性,提到《南极条约》即将满期,"如现今中国再不考察南极,在我们这一代人手中丢失进军南极的好机会,我们将愧对子孙后代","建议中国尽快独立组建南极考察队,到南极洲建立考察站,从事南极科学考察活动"。信的最后,致信人更将爱国情表述得诚恳又炽热:"虽然大多数已进入中老年,但是,只要祖国需要,愿意做进军南极洲的马前卒,为祖国、为人民、为子孙后代再做一次拼搏。"

国务院领导接到五部门的报告及科学家倡议书后,很快批示五部门做出更详细的方案,并进一步论证,供国务院决策参考。颜其德随即投入紧张的方案论证工作。

在这个过程中,围绕选派南极考察船问题发生了激烈的争论。南极办派颜其德到上海参加船舶论证,会上船舶检验局有关人士提出了尖锐的反对意见,认为准备派去南极考察的"向阳红10"号不具备去南极考察的条件,船上要载300多名科学家和船员,出了事,他们负不起这个责任。除非交通部下文承担责任,他们才敢签这个字。争论的结果,决定采用颜其德的双船方案,派"向阳红10"号的姊妹船(设计、建造相同的船)——海军"J121"号远洋打捞救生船执行护航、救生的任务,以确保考察队的安全。

1984年6月25日,国务院批准了我国在南极建立科学考察站的方案,并拨款2000万元。从此,中国拉开了探索和认识南极的序幕。

2024年,中国国家博物馆展出的《向南极进军——致党中央、国务院一书》影印件(陈瑜摄)

◎海冰上运送物资的车队（夏立民供图）

第 1 章

极境铸基

考察站迭代焕新

在旷古荒寂的南极洲开展科学考察，必须首先建立考察站。而一座考察站就是一个独立的小社会，需要建立起一整套独立的水、电、暖、吃、住、行等保障系统，为考察人员提供包括衣食住行在内的各种后勤保障。作为极地科考的重要基础，极地考察站的选址和建立，可从侧面反映一个国家的综合实力。

1985年2月，我国第一个南极考察站长城站在南极洲乔治王岛建设完成。此后，一个个中国坐标相继点亮：1989年2月，中山站建成；2009年2月，昆仑站开站；2014年2月，泰山站落成；2024年2月7日，我国第五个南极考察站秦岭站开站。

40年来，我国极地考察站不仅在数量上实现了零的突破，从点到面，从单一到多元，从陆地边缘到腹地，从南极到北极，形成了系统的考察站网络，还打造出从集装箱"铁皮房"到装配式、模块化的建造体系，建成了多个科考设备齐全、生活保障设施完备的"现代小镇"。依托这些考察站开展的极地冰川学、海洋学、地质学、生物生态学、大气科学等多学科研究，让我国在国际极地考察事业中崭露头角。

◎ 火烧冰山（李敏摄）

第 1 章
极境铸基

17 501.949 千米外的中国红

1984年11月20日,上海黄浦江畔国家海洋局东海分局码头,清风拂面,水波荡漾,锣鼓喧天,人山人海。新检修过的"向阳红10"号远洋考察船和海军"J121"号打捞救生船起锚,缓缓驶离码头,驶向太平洋。

此次南极考察编队也称"625"编队,包括两船两队,两船即"向阳红10"号和海军"J121"号,两队是南极洲考察队和南大洋考察队,共591人。在当时特定的历史背景下,举全国之力,派出两船两队远征南极,是了不起的"大手笔"。这不仅仅是一次科学考察和探险,更是振奋民族精神、扬我国威的重大行动。

甲板上向码头挥手作别的人,包括张青松。这是他4年之内第3次踏上南极之旅。与之前作为客人和合作伙伴到访别国南极科考站不同,这一次张青松作为中国南极科学考察队的成员赶赴南极,完成我国第一座南极科考站长城站的建设任务。作为有着南极科考经历,特别是第一位在南极越冬的中国科学家,张青松被委任为本次南极科学考察队副队长,协助队长郭琨做好相关统筹协调工作,带领考察队赶赴乔治王岛——南设得兰群岛中最大的岛屿。

所有人都知道,这是一次极其艰苦,甚至还有一些危险的旅程。欲

◎ 出发大会(中国极地研究中心供图)

进入南极，就要穿越西风带。西风带常被地理学家们称为"暴风圈"，由低气压带和高气压带相互作用而成。在西风带内，经常会刮起十分恐怖的大风，风力经常超过10级，12级以上的狂风也很常见。

因为这是我国第一次南极考察，绝大多数人没有任何经验，这无形中增加了此行的难度。出发前，队员们都签下了"生死状"。"向阳红10"号上甚至备有一些大的塑料袋，准备万一有队员牺牲了，就装进塑料袋，然后放在船底冷库冰冻起来。

"向阳红10"号和海军"J121"号刚驶入西风带，队员们立刻感受到了暴风的威力。狂风卷集乌云，翻腾着海浪，一次又一次拍击船体。所谓"劈波斩浪"，用来形容此时的"向阳红10"号和海军"J121"号再合适不过。

就在与风浪较量的时刻，天气预报员葛棣明患上了严重的急性阑尾炎，随行的医生只能选择在风浪之中为他进行一场手术，其危险性不言而喻……但好在最终大家都坚持了下来。

南极虽大，但要找一块立足之地却并非易事。

建站的地址需要满足很多条件。

第一，要容易登陆，便于将船上的大宗物资和笨重车辆、设备运上岸。南极陆缘大部分被大陆冰架覆盖，大船很难靠近，尤其是要找到能抢滩的登陆点就更难。

第二，要有利于今后扩展辐射，扩大考察范围。

第三，有充足的水源，人才能生存。解决南极水源问题最廉价的办法是找到天然湖塘或冰下水库。南极夏季冰雪融化，水流、小溪汇合积聚在山谷里就成为天然水池或湖泊，它们清澈见底，没有污染，可直接饮用。

然而，在南极现场要找到这样合适的建站点，的确需要好好寻觅一番。

其实，早在首次南极科学考察队出征前，南极委就对中国南极站的站址进行了初选。尽管相比西南极洲，东南极洲离中国较近，但当时在没有破冰船或抗冰船的情况下，登上东南极大陆风险更大。因此，综合多方面因素，我国暂时把视线转向了西南极洲的南极半岛和南设得兰群岛。而考察站的具体位置，还要等科考队到达南设得兰群岛后，通过实地勘察再定。

1984年12月26日，船只抵达乔治王岛麦克斯韦尔海湾。根据国外资料和先期一些南极考察国建站（特别是建立常年考察站）的经验与教训，考察队决定按三步开展预选站址工作：一是对南设得兰群岛的地理、环境、气候等资料进行了解和综合分析研究；二是利用直升机大致圈定预选站址范围；三是组成预选站址小分队，乘坐直升机、小艇实地勘探。

经过几天不舍昼夜的实地勘察和分析对比，考察队共筛选出9处预选站址，并对其中2个重点预选站址反复勘察，特别是乔治王岛菲尔德斯半岛南部。

之后，队长郭琨慎之又慎，再次率领小分队，乘小艇奔赴菲尔德斯半岛南部，请建筑、地质、测绘、通信、气象等领域的科学家和南大洋考察队部分队员进一步勘察该预选站址，广泛听取大家的意见。

经过反复讨论、研究和比较，预选站址小分队一致认为，在9处预选站址中，菲尔德斯半岛南部地域开阔、背山面海、交通便捷，生态环境等条件均较为理想，可作为第一预选站址考虑。

1984年12月29日下午，由考察队编队总指挥陈德鸿将预选站址的工作情况、研究的意见与结果，上报给南极委。当晚，南极委武衡主任通过卫星电话通知，经研究，同意中国南极长城站建在乔治王岛的菲尔德斯半岛南部。

在预选站址时，有一件事让颜其德至今难以忘怀。1984年12月28日下午，颜其德与第一批人员携带少许建站物资登船上岸，意想不到的是，预选站址往北约数百米的一个小山坡上，出现了用竹竿挑起的小旗子，以及用绳子拉起的一条"边界线"。29日上午，郭琨带着颜其德、刘小汉、吕培顶、贺长明，一行5人步行约3000米到智利站拜访，实为"交涉谈判"。

按照外交礼节，郭琨先对智利站和别林斯高晋站在中国建站选址时给予的帮助表示感谢，且为即将成为友邻感到高兴。接着就说明来意，表明中国是联合国成员国，也是《南极条约》缔约国之一，依据联合国宪章和《南极条约》宗旨，有权在南极任何地区建立自己的科考站，并着重指

◎ 中国首次南极科学考察队登上南极洲(中国极地研究中心供图)

◎ 长城站建站现场1(中国极地研究中心供图)

◎ 长城站建站现场2(中国极地研究中心供图)

◎ 中国长城站落成典礼（中国极地研究中心供图）

◎ 中国首次南极科学考察队凯旋（中国极地研究中心供图）

出，在此建站施工，会严格遵循《南极条约》精神及南极环境保护要求。最后说明，"拉绳挑旗"不友好，希望能及早撤除。当天下午，"边界线"不见了。在后面建站期间，中国和近邻一直和睦相处。

12月30日，五星红旗第一次飘扬在南极大陆。

真正开始建设长城站时，已经是1985年的春天，这时的南极正处于雨季。

为了建站，无论是科学家、机械师，还是后勤人员，都成了"建筑工"。他们住在尼龙充气帐篷里，每天早晨5时左右，郭琨开始挨个帐篷吹哨子、掀睡袋叫起床。

刘小汉当年是队里刚毕业回国的留法博士，算是被"拔尖"入队的。刘小汉上山下乡时曾在西藏待过4年，自认吃过很多苦，但他表示，生命中最苦的一段时间是参与长城站建设："寒冷，饥饿，极其疲惫。"高强度的体力劳动，平均一天睡四五个小时；吃得很简单，营养不足；睡袋外面结着厚厚的冰，寒冷浸透心脾。

郭琨也在日记里详细地记录道：

在南极建站，常常遭受"老天爷"的考验，三天两头是风雪雨雾的"四重奏"。

一天凌晨，一场暴风雨袭击了建设中的长城站。一栋主体房屋屋顶的防水铁皮被大风掀起。若不及时抢救，铁皮就要被暴风卷走。抢救的话，队员要爬上5米高的屋顶，十分危险。最后，8名队员戴上防风眼镜，拴上安全绳，一人抢修一人保护，花1个多小时把被刮翻的防水铁皮钉牢在屋檐上，保住了新建的房子。

1985年2月20日上午（当地时间），南极长城站落成典礼在大雪纷飞中举行，这标志着我国南极科学考察进入一个新阶段。

除去登陆后卸货的20天，长城站建设时间只有20多天，而有些国家建考察站用了3年多。我国创造了南极考察史上的一个奇迹。在长城站主楼前，队员们竖立了一块路标牌——17 501.949千米，这是长城站与北京的距离，也是我国通往南极科学国际俱乐部的征程。

从南极圈外挺进南极圈内

作为在南极大陆建立的最早的考察站，长城站虽然简陋，但实现了到达南极、在南极生存下去的目标，迈出了中国南极考察的第一步。

就像玩拼图游戏一样，在1400万平方千米的南极大陆，仅在西南极区域摆下一块拼图还远远不够，需要更多的拼图块来完整地展现出南极大陆的全貌。于是，在东南极区域建立第二个科考站的事，提上了议事日程。

1988年6月，南极委与国家科委、外交部、国家海洋局等联合向国务院提交报告，提出为深入研究南极、维护我国权益，应尽早在东南极大陆建立科学考察站。

同年7月27日，国务院批准了报告和新站建站方案。

南极委武衡主任提议："为纪念民主革命先驱孙中山先生，弘扬民族精神，推进中华民族复兴伟业，也欢迎海外中华儿女参加祖国南极考察，宜将新站命名为'中国南极中山站'。"这一提议获得很多人的赞同。中国国民党革命委员会中央委员会为此决定，在即将建成的南极中山站设立

◎ 中山站全景图（中国极地研究中心供图）

中山纪念堂，并向纪念堂赠送一座孙中山的半身铜像。

1988年11月，"极地"号搭载着100多名考察队员，向着东南极进发。

因为是首次前往东南极，各方面对此高度重视。武衡向中国首次东南极考察队总指挥陈德鸿授旗，国家科委副主任李绪鄂将邓小平同志亲笔题写的"中国南极中山站"站名铜牌授予考察队，时任民革中央名誉主席屈武虽已是90岁高龄，但还是赶到青岛为考察队员送行。

历经千难万险，考察队员们抵达南极后，紧接着投入中山站的建设中。1个月后，3000吨物资成功卸运，中国南极中山站建成了，中国的南极考察站终于从南极圈外挺进南极圈内。

中山站最初的建筑是用简易集装箱拼装而成的"铁皮房"，这也是科考队员主要的工作和生活场所。很长一段时间，它和贴有"祖国你好"

几个字的发电栋、中山石、脸谱油罐一起，构成了中山站的独特 IP。

2010 年 12 月 5 日，我有幸从"雪龙"号飞行平台出发，乘坐"海豚"直升机前往中山站，见到了当年用简易集装箱拼装而成的"铁皮房"（大家习惯称它为"老主楼"）。经过 20 多年的风雪洗礼，主楼外表面红色的外漆已经斑驳，室内的灯光略显昏黄，长长的走廊有点黑，间或还会闻到一股霉味。

老主楼里设有厨房、餐厅、水房、报房、医务室等。餐厅约 30 平方米，平时摆放十来张桌子。度夏期间人数增加，用餐高峰时可能还要等座，或者在过道加桌椅。餐厅还是队员们的活动场所。越冬队员表示，到了冬天，即使餐厅内放上三台电暖器，大家穿着厚厚的衣服，吃饭时仍会感觉冷；大家也不敢拖地，因为地面会边拖边结冰；在只下雪不下雨的中山站，主

◎ 中国第27次南极科学考察队领队刘顺林（右起第四）率队慰问第26次南极科学考察队越冬队员（陈瑜摄）　　◎ 2011年春节期间，篮球馆临时被改作聚餐场地（陈瑜摄）

楼还经常因屋顶积雪融化而"下雨"。2011年2月，当中国第27次南极科学考察队度夏队员离开中山站的时候，如果不是特殊必要，已经很少有人再去推开老主楼那道沉重的门了。

其实，中国第27次南极科学考察队的一项重要工作，就是完成中国南极"十五"能力建设中山站改造项目收尾工作。在中国第27次南极科学考察队度夏期间，新楼启用了。与老主楼形成鲜明对比的是，在钢结构的新楼里，大家可以边看风景边聊天，甚至可以唱卡拉OK。餐厅一侧的小型室内设有篮球馆，平时队员可以在里面打篮球。

综合楼内有酒吧，各个房间都有地暖，还可以自设温度。要不是窗外的冰山提醒，感觉就像是在国内办公。夜幕降临，顺着高低不平的地势，新架设的一盏盏路灯在中山站站区延伸。

经过后续扩建、改造，如今中山站已经从当年的集装箱"铁皮房"，变身为科考设备齐全、生活保障设施完备的"现代小镇"，成为我国在南极最大的常年科学考察站。它也是内陆考察交通枢纽，是我国南极昆仑站、泰山站的后勤保障大本营，现有各类大型建筑19座，建筑面积约8500平方米，并被纳入科技部批准的第一批"国家野外科学观测研究站"，成为我国最重要的极地科学综合观测基地。

从南极大陆边缘伸向南极内陆

如今,南极科考已变成每年的例行行为,但每次任务都有自己独特的使命,中国第 25 次南极科学考察也不例外。

2008 年 10 月 20 日,中国第 25 次南极科学考察队队员乘坐"雪龙"号,启航前往南极中山站。

因为任务重、搭载人数多、装卸物资量大,这次南极考察的出发时间较以往有所提前。

没想到,2008 年中山站地区的降雪量大大超过往年,仅 11 月份的降雪天数就多达 23 天。大风降雪天气交替出现,几场强降雪后,陆缘冰覆盖了厚达 70 厘米的积雪,厚厚的雪就像棉被一样"保护"着海冰。这不仅增加了"雪龙"号破冰的难度,还给海冰状况研判带来了极大的困难,直升机吊运作业也无法开展。

此次考察队最重要的任务,是在南极内陆冰盖的最高点冰穹 A 地区建立我国第一个南极内陆考察站。

从科学考察价值和极地话语权角度来看,南极一共有 4 个必争之点:极点、冰点、磁点和高点。其中 3 个点已经被美国、苏联、法国捷足先登——美国在极点建立了阿蒙森-斯科特站,苏联的东方站位于冰点之上,磁点则是法国与意大利联合建造的迪蒙·迪维尔站,只有冰盖高点冰穹 A 尚未建立科考站。

冰穹 A 地区蕴藏着重要的科研价值,被认为是战略要地和科研热点,是世界公认的开展冰川研究、气象研究、地质调查、天文观测、环境监测等综合考察与研究的理想场所,是聚焦全球气候环境变化研究等重大课题的天然实验室。但其海拔达 4093 米,极度缺氧,年平均气温在零下 58 摄氏度,被称为"人类不可到达的生命禁区"。同时,从中山站到冰穹 A,要长途跋涉近 1300 千米,需要经历令人头疼的软雪带、深不可测的冰裂隙。

2005 年 11 月,中国首次对中山站与冰穹 A 之间的格罗夫山地区进行为期 130 天的科学考察活动。由于率先完成冰穹 A 和格罗夫山地区的考察,中国最终赢得了国际南极事务委员会的同意，在冰穹 A 建立考察站。

早在 2002 年，在我国首个南极考察站建立近 20 年的时候，国家海洋局极地考察办公室就找到清华大学建筑设计研究院，希望该院设计人员奔赴南极，全面规划、设计我国新的南极考察站。年仅 35 岁的张翼（时任创作室主任）动了心。当时张翼已在建筑设计领域崭露头角，成功设计了北京王府井百货大楼新楼等著名建筑，并计划在当年 8 月到哈佛大学深造，但设计极地建筑的吸引力超过了一切。

在地球两极书写传奇的人生画卷并不容易，张翼接手的设计任务，可以说是完全从零开始的。光项目前期可行性研究、设计、选材等，张翼就花了两年多时间。

张翼说："在设计国内大多数建筑时，设计师往往将最主要的精力放在设计出一个漂亮的外形上。但在南极，建筑的造型必须服从于抵御恶劣环境的要求。高达几十米每秒的大风、低至零下 80 多摄氏度的极寒，能够掩埋整个站区的风雪以及孤立无援的位置，这些都是在南极设计建筑时必须首先考虑的问题。"

在南极内陆冰盖建站，还面临工期十分短暂的问题，实际工作天数只有不到 30 天，现场施工机械设备短缺。还有很重要的一点，这是我国首个建在冰盖上的考察站，有别于建在岩石上的长城站、中山站，以往的经验不能照搬。

最终，张翼摒弃了世界各国在第一次建站时常用的使用空间狭小的预制集装箱方式，以及耗费大量人力与时间的现场组装方式，采取了预制与现场组装相结合的建造模式。

在我国历史文化中，"昆仑"具有重要意义。它意味着高山，象征着制高点，将它与建在南极大陆最高点的我国第三个南极考察站联系在一起，可谓名副其实。在第 25 次南极科学考察队出发前，国家海洋局公布了经网络征集而来的、万众瞩目的首个南极内陆考察站的站名——"昆仑站"。

在中国第 25 次南极科学考察中，肩负昆仑站建设任务的是昆仑站首任站长李院生等 27 名队员，驾驶 8 辆雪地车，拖载 44 部雪橇，昼夜兼程

◎ 昆仑站（中国极地研究中心供图）

◎ 泰山站（中国极地研究中心供图）

19天，于北京时间2009年1月7日凌晨，将所有建站、科考和后勤物资，运抵冰穹A昆仑站建站站址。

到达冰穹A后，队员们立即投入昆仑站建设中。他们克服内陆冰盖高寒缺氧与强紫外辐射环境下的冻伤、高原反应、体能下降等严峻困难，凭着国内反复组装练就的过硬技术，成功解决冰盖高原软雪基础和极端低温施工难题。

2009年1月27日，我国成功建成了南极最"高冷"的科考站——中国南极昆仑站。这是我国建立的第一个内陆考察站，它的建成使我国成功抢先占领了南极最后一个具有重大意义的必争之点。

2014年2月，中国第二个南极内陆夏季考察站中国南极泰山站建成。该站位于东南极洲冰盖伊丽莎白公主地，距离中山站520千米，距离昆仑站715千米。

泰山站总建筑面积710平方米，分为主体建筑和辅助建筑。主体建筑分为三层：一层为设备区，二层为生活区，三层为观察指挥区。

与昆仑站相比，泰山站更易到达，可全方位开展各类装备和设备的低温性能试验。依托泰山站，可以开展冰川学、天文学和高空物理等领域的科学研究工作。泰山站的建成和启用，进一步拓展了我国南极考察的领域和范围，夯实了我国南极内陆考察基础。

打造三足鼎立格局

2017年11月8日，中国第34次南极科学考察队启程奔赴南极。与过去不同，此次搭乘队员的"雪龙"号一路向南，直奔位于罗斯海西岸的恩科斯堡岛，开启中国第5个南极考察站秦岭站的建设工作。

事实上，早在中国第29次南极科学考察中，我国就开始开展罗斯海区域的现场选址工作。这项工作持续了5年，从罗斯海的入口一直到最南端，考察队开展了大面积、长时间、系统化、科学化的选址工作，最终确定将恩科斯堡岛南区作为我国第5个考察站站址。

恩科斯堡岛地势西高东低，西侧有一个南北走向的山梁，东侧为平地和丘陵地，有3个常年积水的淡水湖泊。该岛邻近南极最大的罗斯冰架，面向太平洋扇区，是南极地区岩石圈、冰冻圈、生物圈等典型自然地理单元集中相互作用的区域，仍然保持着自然演替状态，是全球气候变化的敏感区域，也是研究气候变化对南极生态系统影响与反馈的理想场所。

作为我国早期考察站建筑，长城站、中山站多由集装箱拼装而成，其优点是结构简单、拼装方便，缺点是无法实现一体化设计，不能集中供暖，保暖性和居住舒适性较差。后续在对两站进行改造时，其建筑多采用钢框架加装配式保温板，极大提升了空间利用率和工作生活的舒适程度。昆仑站和泰山站两站均位于南极内陆，气候环境更为恶劣，不仅需要考虑建材的耐寒性能，还需要考虑实际的建材运输能力和建造时间窗口。而秦岭站地处南极内陆典型的"下降风"盛行区间，最大风速超过10级的天数占全年的近半时间，即使在最适合施工的2—3月，日常气温也低于零下25摄氏度。

如何快速地在"下降风"盛行区域成功建成一座考察站？秦岭站首次采用了集中式布局，是中国现有考察站中单体面积最大的考察设施。

作为秦岭站驻场建筑师，中国建设科技集团股份有限公司所属中国建筑设计研究院有限公司建筑师、秦岭站设计师祝贺说："为了保证秦岭站在'风口'安全伫立，设计师们充分考虑地形、洋流、风向、太阳高度角和雪影区等要素，多次开展模拟试验，不断优化造型与结构。"

中国南极秦岭站总设计师、中国建设科技集团股份有限公司所属中国建筑设计研究院有限公司副总建筑师段猛说："秦岭站要具备抵抗17级大风的能力，正因如此，在秦岭站设计建设方案确定后，大家立即进行试验，对设计进行验证。其中最重要的就是模拟南极环境的风洞试验和吹雪试验。"

秦岭站建站过程中使用的物资达9000吨，物资卸运量规模创下历次考察之最，安装完成了900多根结构构件、84个功能模块、1100多个幕墙单元。

◎ 2024年2月7日，秦岭站举行开站升旗仪式（中国极地研究中心供图）

  若使用传统的现场焊接施工法，建成像秦岭站这么大面积的钢结构建筑，至少需要3个月。但现实情况是，"窗口期"只有两个月左右，要最大限度提升现场安装效率，需要像搭积木一样建造房屋。江苏恒久钢构股份有限公司为秦岭站量身定做了装配式钢结构件。恒久钢构总工程师陈瑞介绍，对项目的复杂构件，他们采用三维激光扫描技术进行数字化加工、精度控制和虚拟预拼装，确保主体钢结构构件加工精度。他们还在厂区内实施了50天的实体预拼装，检验结构、龙骨、幕墙及大模块装配成功率，确保施工现场一次性安装成功，现场只要将模块整体安装在主体钢结构楼面上，接通管线接口，即可"拎包入住"。

从上空俯瞰，秦岭站和长城站、中山站形成三足鼎立格局，覆盖南大西洋、南印度洋以及南太平洋等南大洋各个扇区，具有独特的科考价值，可提升我国在国际南极事务中的作用。

在西南极，长城站区域生态系统活跃，更适合开展亚南极生态监测和研究；在东南极，中山站所在区域是观测研究南极冰盖演化过程、南极冰架海洋相互作用的理想之地，也是开展高空物理、地质学、地球物理等学科工作的优良位置；地处南极冰盖地区的两个度夏科学考察站——昆仑站和泰山站，则汇聚了冰芯科学、大气科学和天文科学等学科。南极秦岭站的建成，将进一步完善我国南极考察站网，拓展我国南极考察活动范围，填补我国在太平洋扇区长期观测的空白。

从南极到北极

与南极不同，北极地区约三分之一是陆地，三分之二是海洋，且拥有丰富的自然资源，包括石油、天然气、煤炭等矿产和能源资源，以及丰富的生物资源。此外，北极航道具有巨大的商业价值，将影响甚至改变世界海洋航运格局。因此，对我国来说，开展北极科学考察具有极其重要的战略意义。

然而，北极考察并不像南极考察那样，可以任意来去。中国不是北极国家，能在北极领土上建科考站吗？这要从《斯匹次卑尔根群岛条约》说起。

第一次世界大战后，英国、丹麦、美国和法国等18个国家，围绕北极地区的斯匹次卑尔根群岛资源分配问题，签署了《斯匹次卑尔根群岛条约》。因斯匹次卑尔根群岛与斯瓦尔巴群岛高度重合，该条约有时被称为《斯瓦尔巴条约》或者《斯瓦尔巴德条约》。

斯匹次卑尔根是挪威斯瓦尔巴群岛上的最大岛屿，是人类在地球上的最北定居点。这里有着长时间的极昼和极夜：从4月下旬到8月下旬，蜂拥而至的游客能在午夜看到仍未落下的太阳；而从10月下旬到次年2月下旬，这里的居民要经历长达120多天的连续黑夜。如果不是因为发现了煤矿，人们可能不会在20世纪初就来到这个极北之地。许多探险家也看上了这个离北极最近的人类定居点。1926年，已征服南极点的挪威探险家阿蒙森与同伴一起，搭乘飞艇从这里出发穿越北极点上空，成为世界上首个到达南北两极的人。

斯匹次卑尔根群岛离挪威最近，根据《斯匹次卑尔根群岛条约》，其主权属于挪威，但签署条约的其他当事国所有公民都可以自由出入并永久逗留，在遵守挪威法律的范围内从事科学考察或其他商业活动，无须经由挪威政府发放签证。与此同时，各国也约定不在岛上进行任何与军事相关的活动。该条约开创了一个先例，即世界各国可以通过协商共同开发一块土地。

首次签署《斯匹次卑尔根群岛条约》的18个国家，多数为欧洲国家，亚洲国家只有日本。为了加强《斯匹次卑尔根群岛条约》的合法性及其在世界范围内的公认度，让该条约更加国际化，需要更多的国家加入这一条约。

第一次世界大战期间，北洋政府向欧洲战场派遣了30多万名中国劳工，为盟军修建房屋、道路以及运输弹药和伤员，有很多劳工被编入部队上了战场，甚至死于欧洲战场。然而，作为战胜国的中国却没有得到任何补偿。为了安抚中国的情绪，也为了拉拢中国，法国邀请中国签订这个条约。就在阿蒙森出发前往北极点的前一年，即1925年，中国加入了《斯匹次卑尔根群岛条约》。

但在那个积贫积弱的年代，北洋政府签订《斯匹次卑尔根群岛条约》后，并没有意识到该条约赋予中国的权益，也没有宣传，国内也极少有人知道这个条约。条约被束之高阁，权利也就只停留在纸面上。

此后，国内军阀混战，国家满目疮痍，条约也就被遗忘了。

转机发生在条约签订后的第66年。冷战结束后，挪威政府计划修订斯匹次卑尔根群岛的有关管理法规，需要征得各签约国同意，因此照会中国政府相关事宜，这时我国才发现这份条约，据此正式开启参与北极事务的进程。

1996年，中国成为国际北极科学委员会成员国，北极科研活动日趋活跃。1999年7月1日，经国务院批准，由国家海洋局等6个部委（局）联合组织的由121名队员组成的中国首次北极科学考察队，于当年7月1日至9月9日乘坐"雪龙"号驶向北冰洋。在整个71天的科考中，"雪龙"号航程近1.5万海里，考察队深入北极诸多人类未知海域，克服严重冰情、弥漫阴霾、突发气旋、流冰和浅滩等极端环境变化所带来的困难，围绕"北极在全球变化中的作用和对我国气候的影响""北冰洋与北太平洋水团交换对北太平洋环流的变异影响""北冰洋及其邻近海域生态系统与生物资源对我国渔业发展的影响"等三大科学问题，在北冰洋及白令海，以船舶、

◎ 黄河站（中国极地研究中心供图）

◎ 中－冰北极科学考察站（中国极地研究中心供图）

飞机为运载工具，考察船、冰站为平台，进行了多学科联合海洋-海冰-大气-生物的综合观测。

然而，与其他主要极地考察国家相比，中国还存在较大的差距。在北极，中国还没有一个固定的立足点，缺乏长期研究的能力。随着中国国力增强，2001年9月，挪威驻中国大使馆致函邀请中国赴斯瓦尔巴群岛考察并建站。2004年7月28日，中国北极黄河站终于建成。这是中国继南极长城站、中山站后的第三座极地科考站，中国也成为第8个在挪威斯匹次卑尔根群岛建立北极科考站的国家。

黄河站位于新奥尔松小镇，其站房是一栋二层小楼。这原本是王湾煤炭公司的员工宿舍，如今小楼门前巍然屹立着一对石狮，建筑极具辨识度，后期按照中国的科研需求进行了改造。

在人类对极地的探索中，新奥尔松小镇扮演着重要角色。新奥尔松的夏季太阳永不落下，黄河站的科考人员徒步、乘车或乘小艇外出，进行冰川、土壤、大气等各自研究领域的实验。到了冬季，由于极夜，只有进行空间物理观测的研究人员才会留在这里，成为黄河站的越冬"守夜人"。

在空间物理领域，观测极光是一项重要内容。全世界可以研究极光的地方有很多，但新奥尔松有一个得天独厚的优势——北纬79度的高纬度。极夜时，正午也是黑夜，在黄河站可以看到日侧极光，这与其他地方看到的夜侧极光不同。

2018年10月，中-冰北极科学考察站正式运行。这是我国与冰岛合作建成的第二个北极科学考察站，能够开展极光观测、大气监测、冰川、遥感等研究，部分建筑改造后还可开展海洋、地球物理、生物等学科的观测研究。

© 双龙探极（黄嵘摄）

第 2 章

冰域拓维
水路升级陆海空

"查清中国海、进军三大洋、登上南极洲!"这是国家海洋局1977年提出的规划目标。

要登上南极洲,首先意味着要把南极考察的各种物资设备和人员运到南极洲。从事南极考察的各国大都借助具有破冰能力的或抗冰能力的极地考察船来完成这一任务,然而,我国当时连一艘这样的船都没有。

时光荏苒。40年后的今天,我国极地科学考察保障能力已经发生了翻天覆地的变化:在船舶方面,我国的科考船已从改造船发展到专业破冰船;在空中能力建设方面,不仅有了直升机,还拥有了固定翼飞机;在陆上装备方面,南极专用车辆、重型载具已从进口走向了国产化。海、陆、空齐发力,全方位地为极地科考提供更加便捷、可靠的交通安全保障体系。

从改造船到专业破冰船

1984年首次南极科学考察中,"向阳红10"号和海军"J121"号顶住压力,最终抵达了西南极乔治

◎ 暴风雪后的"雪龙"号船头(万建华 摄)

第 2 章
冰域拓维

王岛。但它们仅仅是普通的远洋船，都不是抗冰船。考虑到极地考察事业的长远发展，1985年，南极委决定，从芬兰EFFOA船舶公司购买"雷亚"号抗冰船，并委托上海沪东造船厂进行改装。

经过改装，"雷亚"号增设了舒适的考察队员住舱、大洋科学考察用的实验室、水文绞车、考察磷虾的专用拖网，以及直升机机库、飞行平台、减摇装置、固体和液体压载舱，同时更新了导航设备和通信设备，并被命名为"极地"号。

1986年10月31日上午10时，载着中国第3次南极科学考察队队员的"极地"号从青岛港拔锚启航，开始它的第一次南极航行。

"极地"号拉了9000多吨物资，进一步完善了长城站的建设，让其能满足越冬和开展极地考察的基本需求。

1988年11月20日，中国第5次南极科学考察队从青岛启航。此行的一个重要任务，是在东南极拉斯曼丘陵附近建站。万里征程中，考察船既要穿越咆哮的"西风带"，又要驶过潜藏危机的冰区。正因如此，一条安全合理的航线至关重要。

早在1986年9月，国家海洋局北海分局就派遣英语水平较好的滕征光前往澳大利亚南极局，考察学习东南极洲的航线设计。滕征光跟随澳大利亚船只出海考察两次，每次持续四五个月，系统学习了冰海航行的各种知识，也登上澳大利亚南极凯西站、戴维斯站、摩西站开展全方位考察。回国后，滕征光将所见、所闻、所学，以及东南极航线设计思路提炼总结，提交了一份约2万字的考察报告。

时任国家海洋局副局长的陈德鸿组织人员经过充分研究和讨论，确定了建站航行路线：青岛—澳大利亚霍巴特港补给—拉斯曼丘陵靠近建站区域—澳大利亚弗里曼特尔港补给—回国。

虽然精心设计，但这趟航程依然跌宕起伏。进入南极圈的当天晚上，"极地"号左舷出现冰山。之后两天，冰山越来越多，体积大的冰山无边无际，绵延几十海里，像一道不可摧毁的天然屏障。体积较小的冰山形状各异，随波漂浮。行进中的"极地"号不断与冰排撞、蹭、擦、碰，船体左摇右摆，处境越来越危险。就这样在冰海中艰难地航行了5天后，船头右舷被利刃般的冰块撕开了一道口子，形成了直径达60厘米的破洞。破洞所处的位置是考察船储存淡水的船舱，它属于隔离舱，海水不会涌入其他船舱。身为船长的魏文良认为，排出淡水舱的海水太浪费时间，而且仍有被浮冰撞击的可能，宜等抵达南极大陆后再进行维修，遂决定继续前行。

1989年1月14日，"极地"号前方左侧船舷突然冒出一座30多米高的冰山，冰碴和海水一下子漫上了船舷。冰崩发生了！

开始冰崩的时候，水柱喷到空中几十米甚至上百米的高度，30米高的海浪带动冰山翻滚着直冲"极地"号。第3次冰崩的时候，一座10米多高的冰山断裂在海面上，溅起的海浪有几十米高。

这座冰山比篮球场都大，一旦撞上船舷肯定是船毁人亡。幸运的是，冰山在前进到距离"极地"号几十米时突然停住了。原来，冰山的底部卡在海底，搁浅了。

大量的冰山从冰盖上塌落下来，就像原子弹爆炸一样，铺天盖地的冰块犹如泥石流般冲进大海，塌下的冰盖后排推着前排，不断向考察船涌来。顷刻间，船身就被巨冰死死困住，纹丝不动。

就在冰崩发生的瞬间，魏文良果断下达指令："紧急备车，全体人员就位，作好救生、消防、损管的准备。"他亲自指挥，考察船在冰块的挤撞中向前方的礁石区驶去。

船是保住了，但冰崩过后，冰山连着冰排，层层叠叠地挤到了船舷，考察船又一次陷入"前进无路、后退无门"的险境。澳大利亚、苏联的直升机都在空中盘旋，他们判定"极地"号不可能脱困，建议我国队员赶紧撤退。各国科考队也都表示，愿意腾出地方来接纳中国科考队员。

但魏文良深知不能退缩，因为此行他们肩负着祖国和人民的期望。

为了全船人员的安全，也为了如期建成中山站，考察队员被迫向岸上疏散。他们从高高的船舷滑下舷梯，扛着沉重的行囊，在冰面上蹒跚而行。而留下的船员则在魏文良的带领下继续寻找突围的办法。约1周后，他们发现了一处冰海裂隙！

◎ 中国第 5 次南极科学考察中，魏文良在"极地"号上（魏文良供图）

直升机迅速返回船上，魏文良当机立断："驾船突围。"身长 150 多米的"极地"号小心翼翼地在这条唯一的夹缝中穿行，经过 8 个多小时的奋力挣扎，突破重重冰封，艰难地掉过船头。此时，冰山的第一道缝隙开始合拢，随之又开始出现第二道缝隙。考察船挤进缝隙，数十米高的峭壁在船的两舷缓缓向后移动。这些峭壁随时都会崩塌，所有的考察队员都站在甲板上，紧张地盯着驾驶室里的船长。

"极地"号安全通过最后一道冰缝、驶进开阔的海域时，所有人喜极而泣，有人情不自禁地欢呼起来："我们胜利了！"7 天 7 夜被困冰海的沉闷、紧张、不安等一扫而光。

此前，国内在冰区航行领域的经验基本为零。如今，在一次次航行中，船长及船员延续并丰富着魏文良当年总结的诸多经验。

1991 年，国家有关部门考虑到未来南极装备发展的需求，为后续南极科学考察发展提供更好的支撑，邀请年近花甲的中国工程院院士、造船专家张炳炎登上"极地"号。

在考察队的 129 个日子里，张炳炎克服了晕船、呕吐的不良反应，没有放过任何一个掌握数据的机会。当"极地"号穿越西风带剧烈摇摆时，张炳炎硬是一步一步艰难地登上驾驶室，在两个多小时里，不间断地仔细观察、记录、掌握了宝贵的第一手资料。等到"极地"号驶入浮冰区，为获取撞击瞬间的资料，他甚至冒着生命危险将身体倾向船舷，拍摄了一组组珍贵的资料镜头。

◎ 张炳炎在"向阳红 10"号上（吴刚供图）

1993 年，我国从乌克兰购买了一艘苏联时期的集装箱运输补给船。受南极委和国家海洋局的派遣，作为总设计师，张炳炎率专家小组先期赴乌克兰赫尔松船厂，驻厂进行为期 4 个多月的技术监造和验收工作。在与"极地"号共处的日日夜夜里，张炳炎积累了宝贵的经验。最终，经改造，该船被命名为"雪龙"号，它取代了"极地"号，成为我国当时唯一的极地科考破冰船。

从 1994 年 10 月首次执行南极科考和物资补给运输任务开始，截至 2024 年 12 月，"雪龙"号辉煌的"履历表"上，赫然写着 27 次征战南极、9 次勇闯北极的骄人战绩。而它也经历了好几次改造。

2006 年，在经过耗资 2 亿元、历时 7 个多月的大修后，"雪龙"号

◎ 张炳炎和"雪龙"号（吴刚供图）

以全新的面貌精彩亮相,执行中国第24次南极科学考察任务。此次"雪龙"号改造主要包括船体、轮机、电气和科考设施4个部分。最为直观的是,"雪龙"号的外观发生了变化。它一改固有的黑白色外衣,代之以鲜亮的红白相间外观。通过统一设计后,"雪龙"号最大限度地提高了面积的利用率,

◎ 改造前的"雪龙"号(夏立民供图)

◎ 改造后的"雪龙"号(夏立民供图)

改造后的科考船对生活区布局进行彻底的完善和调整。

与此同时,"雪龙"号新增了许多科研设备,船上的实验室面积已从原来的200平方米增加至687平方米,已基本相当于一个海上极地科考站。

在繁重的南北极考察任务中,由于破冰能力有限,"雪龙"号在南极特殊冰情下,时常力不从心。中国需要一艘新的极地科考船,这一想法在2008年开始酝酿。新的极地科考船项目由国家海洋局组织推动落实。整个项目团队有100多人,张炳炎担任总设计师,吴刚担任总体专业负责人。

2008年,国家海洋局组织有关院士、专家,在中国极地研究中心召开建造新的极地破冰船的务虚会,并到北欧地区进行了大量实地调研,形成了初步想法。

2009年,国家海洋局、国家发展和改革委员会多次沟通,联合上报国务院,请示建造一艘破冰船,并提出"国内外联合设计、国内建造"的原则。

同年6月,国务院组织国家发展和改革委员会、财政部、工信部、国家海洋局召开专题会议。会议批准立项,并同意国家海洋局确定的方案。

根据国内外调研结果,为确保项目实施,满足中国极地考察未来30年需求,方案提出联合建造思路,要求选择国内和国外在破冰科考方面最强的设计公司开展联合设计,同时要求新船在入级中国船级社的基本前提下,还要入级一个国外破冰船审图资深的船级社,获得双船级。

2010年2月,当时的中国船舶工业集团有限公司第七〇八研究所被确定为新极地科考船项目技术支撑单位,与当时的船东——国家海洋局极地考察办公室和中国极地研究中心,共同组织完成项目建议和可行性研究工作。

吴刚说当时摆在设计师面前的最大难题,就是要讲清楚到底"需要一艘什么样的极地科考船"。如果需求论证不清,项目就如同无源之水、无本之木。

中山站附近海冰厚度1.5米左右,多年来,"雪龙"号基本在11月底12月初才能在连续冰比较松动的情况下,勉强接近中山站。论证时,评标团就提出，新的极地破冰船"底盘"一定要好，确保其多年在冰区航行依旧"扛造"。同时，为提高船舶的破冰能力和灵活性，要采用全回转推进。

进一步明确需求后，评标团将目光聚焦到了芬兰的阿克北极技术有限公司。阿克北极技术有限公司对船型的理解比较接近船东的设想，其船体设计做得相当好，可以实现全回转推进，船舶破冰的功率小且效果又很好。

"既然实现了全回转推进，那么船艉也能当船艏开呀！"国家海洋局极地考察办公室原主任秦为稼代表船东，进一步提出了双向破冰的想法。

全回转推进带来了一个很可观的好处，就是船在冰脊冰水域不需要掉头了。极地水域水平冰和冰脊冰的分布非常复杂，有时即便是在看上去开阔的水域，船舶也可能因水下隐藏了大量松软且难缠的冰脊冰而寸步难行。因此，新的极地破冰船的指标被确定为：艏向在覆盖有0.2米厚积雪的1.5米厚冰层上以2—3节的速度连续破冰；艉向破冰则能在20米厚的当年冰脊冰（含4米堆积层）中不被卡住。该船也由此成为全球首艘具备双向破冰能力的极地科考船。

2012年7月31日，国家海洋局、中国极地研究中心、芬兰阿克北极技术有限公司签署了极地科学考察破冰船基本设计合同。2012年8月，张炳炎逝世，吴刚接任总设计师。新船的基本设计由国外完成，但详细生产设计以及相关审图工作等均由国内设计院、船级社、船企等完成。对于这种中外合作方式，吴刚解释道："虽然我国船舶设计专家已基本掌握了常规破冰船的设计要领，也已积累了30多年的极地科考经验，但这毕竟是我国第一艘真正意义上的极地科考破冰船，是我们没走过的一条路，船舶的使用环境特殊、航行和作业性能要求特别高，我们寻找一位同行者，也是为了给这个重大项目上一份双保险。"

吴刚特别强调，此项目的中外合作既不是接力棒式的合作，也不是简单地购买国外图纸和设计，而是中芬双方全程深度融合与协作的伙伴关系。作为船东信任的技术支撑单位，无论是国外概念设计、基本设计双船级审图，还是详细设计、船厂生产设计等过程，第七〇八研究所一直参与其中，我国完全拥有这艘船的知识产权。

2016年年底，新建极地破冰船在江南造船（集团）举行开工点火仪式。在具体建造方面，新船采用总段建造法，即按照电脑建模方式，将船体分为114个小分段，再将这114个小分段组合成11个大分段，最后将11个大分段合拢在一起，拼成一条船。最主要的是，各分段内的设备入装率高达80%以上，不仅提高了设备的安全性和工艺的美观性，还减少了反复施工的风险与工期。为最大程度地提高效率，项目采用资源管理系统，对项目预算、采购程序、合同管理、经费使用等进行全方位管控，特别是采用电脑建模方式，先根据基本设计图纸完成全船建模，然后根据详细设计进行修改，尽量提前解决连续建造阶段可能遇到的各种工艺问题，减少浪费和返工，建造速度大大加快。

2017年9月，该破冰船被命名为"雪龙2"号，并于2019年7月11

◎ "雪龙2"号首航南极（中国极地研究中心供图）

日在上海顺利交付。虽然"雪龙2"号比"雪龙"号小巧，但它的能力可一点都不弱，甚至更强。从设计建造之初，其定位就是科研为主，后勤保障为辅，因此，船载科考装置更多，也更先进。

比如，"雪龙2"号的破冰能力更强，船体强度达到了PC3级，能以2—3节航速连续破1.5米厚的冰加0.2米厚的雪。它具备全球无限航区航行能力，无论是在南极还是北极地区，都可以进入"雪龙"号到达不了的区域进行科考作业。

随着"雪龙2"号的加入，我国正式开启了"双龙探极"模式。2019年11月，"雪龙2"号与"雪龙"号首次实现合作，执行中国第36次南极科学考察任务。截至2024年上半年，两艘船已经共同完成了4次南极科学考察任务。

此外，1990年，海洋四号参加中国第7次南极科学考察；2016年，海洋六号参加中国第33次南极科学考察；"向阳红01"号于2017年参加中国第34次南极科学考察，2019年参加中国第10次北极科学考察；2023年，中远海运特运"天惠"轮参加中国第40次南极科学考察，主要承担秦岭站建站物资的运输任务。

从直升机到固定翼飞机

第一次在南极洲飞行的是英国人休伯特·威尔金斯爵士。1928年11月，他从欺骗岛起飞，在南极半岛上空进行了长距离观测和航空摄影。1929年11月29日，美国理查德·E.伯德上将首次完成了飞越南极点的航行和空中摄影。

1946—1947年，美国派出规模最大的南极考察队。此次考察不仅人员多，官兵人数达4700余人，还出动了直升机、水上飞机、多用途飞机共26架，另有破冰船、航空母舰、潜水艇和驱逐舰等13艘。在伯德的指挥下，飞机共飞行了64个航次，对南极大陆沿岸开展广泛航测，面积达约390万平方千米，拍摄航空照片近1.5万张，侦察照片约7万张。通过航测，他们至少确定了 18 个山脉的地理位置，并把新发现的山脉、半岛、群岛、海岛及海等信息"填入了"地图中。

我国开展首次南极科学考察时，船上搭载了"海军 179"号直升机。直升机机组在空域陌生、气象多变、单机飞行的情况下，安全飞行 125 架次、17 个飞行日，吊运物资 39 吨，接送人员 1050 人次，还完成了航空摄影任务，"海军 179"号因此被人们誉为"南极雄鹰"。

在我参加的中国第 27 次南极科学考察中，直升机的一项重要任务是运货。当时，考察队领导多次组织相关人员乘坐直升机和雪地车探路查看冰情，结果发现，当年冰薄雪厚，冰厚度由过去的 1.5 米减少到 1 米左右，但积雪也有近 1 米厚。如果按照原航线破冰卸货将困难重重。

最终，考察队放弃了从中山站东偏南方向破冰卸货的老路，选择在距离中山站 12 千米西偏北方向的印度站附近，通过"Ka-32"直升机吊挂卸货，进而将"雪龙"号上的航空煤油、雪橇等运至内陆机场集结地和中山站。

2011 年 2 月 12—16 日，中山站码头登陆点前的冰山和海冰仍无松动迹象，无法采用小艇运输，加上此次南极考察活动临近结束，考察队再次启动直升机，从"雪龙"号 2 号舱盖直接起吊，分批次将 50 吨航空煤油灌入油囊吊运到内陆出发基地，将昆仑站二期钢结构吊运到中山站。

2 号舱盖前后是塔吊，虽然直升机旋翼和塔吊之间各有 5 米左右的空间，但在视觉上感觉作业范围很小，飞行员的心理负担较重。此外，船舶在锚泊状态时船艏迎风，飞机受侧风影响，进入作业区要不断修整航向，保持飞机进入时位置的准确；加上受塔吊影响，作业区会产生上升或下降气流，飞机的操控会更加困难。这也是直升机首次从"雪龙"号非飞行甲板上吊运货物至站区。

为保证飞行安全，直升机加长了吊挂钢索的长度，保证吊挂货物时的飞行高度高于吊车 5 米，同时加强现场指挥，保证飞机准确进入，避免飞行时产生的涡流，减轻飞行员的心理负担。

直升机卸货时，船上会安排人指挥船上的 4 个吊臂协调配合，将物

◎ "Ka-32"直升机作业场景（夏立民供图）

资辗转腾挪，按照先后顺序吊运到船附近的冰面。

冰面上，直升机发出巨大的噪声，旋翼下方一股巨大的气浪向四周扩散，形成一场不小于10级的局部风暴。

即便如此，两名考察队员仍要顶风跑向直升机正下方。由于巨大的气浪，他们身体往往向前倾斜，看上去走路都十分吃力。他们的工作是将考察物资的挂钩挂上直升机下方的吊运绳，或者从吊运绳上下来。

其他打破了工种界限的队员们则站成一排，将一箱一箱的物资接力传递，组成一条"人力传输带"。直升机每次吊运的重量有限，大集装箱远远超重，大油罐也远远超重。这时就需要化整为零，先靠队员们将大集装箱里的物资搬运出来，再码进小集装箱或者网兜里。在考察队员口中，这项工作叫"掏箱"。大家需要以最快的速度为直升机下次吊运腾出作业面，并且要分类储存。"掏箱"工作看起来不起眼，但很重要，也非常累人，特别是站在两头的队员最累，不停地弯腰，搬起或码放物资。

在南极一切靠天吃饭。若某天天气好，直升机卸货结束会接近凌晨1点。而大油罐里的航空燃油或柴油，需要通过输油管加注到油囊里。一个油囊装满油约3.5吨重，加注时间约为20分钟。装满一批，运走一批，再继续加注，队员们时常要忙到深夜。好在我们在南极期间是极昼。但第二天一大早，船上广播就要求大家去冰面上继续卸货。

内陆出发基地和中山站冰雪机场的工作条件更加艰苦，在南极的冰盖之上，风更大，也更寒冷。队员们在室外作业时，紫外线照射在皮肤上，刺得人生疼，因此要做好"双重保护"——涂抹厚厚的防晒霜，再戴上面罩和墨镜。掏箱作业时，稍不注意，脸部除了戴墨镜的部位是白的，其他部位可能已晒脱了皮。

直升机虽具有对起降场地条件要求宽松、出行便捷高效的优势，但其航程与起飞重量存在显著限制。以重型直升机"Ka-32"为例，在航程方面，它的飞行距离一般难以突破500千米；在载重能力上，最大载重不超过5吨。而长城站到中山站相距4000多千米，中山站与昆仑站之间也约有1300千米，如此遥远的距离，远远超出了直升机的有效航程。因此，

◎ 直升机卸货时，船员傅炳伟在执行单吊车拼双吊车操作（付运和摄）

◎ 小憩时分（周春霞摄）

直升机难以承担深入南极内陆开展科学考察以及提供后勤保障的重任。

2011年11月8日，我国南极科考队的一架"Ka-32"直升机在执行任务时坠毁。此事件虽然没有造成人员死亡，但南极考察组织部门因此有了使用固定翼飞机的想法。同年，中国就将购自美国的"巴斯勒BT-67"运输机改装成中国首架南极考察固定翼飞机，并将其命名为"雪鹰601"。

"巴斯勒BT-67"运输机绰号"涡桨达科塔"。该型飞机是以第二次世界大战知名飞机"C-47"运输机（曾被评为"世纪飞机"，是20世纪使用最广泛的飞行器）的机身搭配现代涡轮螺旋桨发动机和航空电子设备的特殊飞机。经过对发动机和航电设备的更新改造，如今它依然非常"皮实"，航速可达350千米/时，最多载客18人，加满油可飞行3400多千米。

在没有固定翼飞机之前，以停靠澳大利亚弗里曼特尔港补给的路线为例，"雪龙"号从港口出来后，约要半个月才能到达中山站附近，但宽达数十千米的陆缘冰区域阻挡了船只靠岸的步伐，人员上站一般得搭乘船上配备的直升机飞抵。最重要的是，这条路线必须穿过魔鬼西风带。与传统的乘船出入中山站相比，"雪鹰601"为我国快速运输、应急救援和科学调查等极地考察活动提供了坚实保障。如果从中山站去昆仑站，雪地车要走20天，而乘坐"雪鹰601"则只需要4小时。它还可搭载多种科学观测设备。

2015年，"雪鹰601"正式加入我国南极科考队伍。2017年1月，"雪鹰601"从中山站起飞，历经4个多小时，飞越1316千米的茫茫冰雪高原，成功抵达南极冰盖之巅。"雪鹰601"的加入，极大地增强了我国南极考察空中调查和保障能力，我国极地考察正式迈入"航空时代"。

"雪鹰601"的投入运营，带来了一个待解的难题：在南极冬季来临之前，它需要和度夏的科考队一起撤离；在南极夏季来临之前，它则需从负责维护的北美一家公司起飞前往南极，其间需借用俄罗斯进步站的机场。借用机场多有不便：一是开展飞行任务必须征得机场所有方的同意，这大大限制了我国开展相关任务的自主性；二是机场使用是有偿的，需要支付费用，增加了运营成本。在业内人士看来，作为南极科考大国，我国必须

◎ 2015年11月30日,"雪鹰601"飞抵南极中山站(中国极地研究中心供图)

确保自主开展南极活动的后勤保障能力,建设永久机场。

首先,永久机场的建设成功,意味着"雪鹰601"将拥有一座南极母港机场,为我国熟悉整个南极机场的运行体系(包括跑道建设、地面保障、气象导航、机场运行等),构建南极航空网体系,以及为未来中国大型飞机和多架飞机机队运行提供保障。

其次,澳大利亚凯西站有一个永久机场,其经常作为从其他大洲飞来的航班的降落地和中转站。借鉴此实践经验,若我国永久机场建设成功,则可以满足更大规模科考计划和国际合作项目的需要,这也意味着科学家可以使用飞机来提升科考实力,缩短科研人员在南极野外暴露的时间,缩短紧急医疗救助的时间。

最后,永久机场的建立连接着我国南极战略的需求、我国科学考察的需求,其成功后定会为我国在南极拥有空域管理发言权提供必要条件。

事实上,早在2009年,在中国第25次南极科学考察期间,我国就于南极昆仑站以西约3000米处修建起长4000米、宽50米的"昆仑机场"跑道,供固定翼飞机起降使用。2010年1月,中国第26次南极科学考察队又在南极内陆冰盖上修建起一座简易机场——"飞鹰机场"。机场有长

600米、宽50米的机场跑道，同时存放数百桶航空煤油，用于固定翼飞机紧急备降或加油补给。

在南极建造一座永久机场，难度并不亚于建设一座考察站。

首先，位置特殊。我国南极第一个永久机场的备选位置位于冰盖。冰盖好像是盖在南极大陆上的一床"被子"，但它是运动的。要建永久机场，就要先找到冰盖运动比较均一、运动幅度小的地方。为解决这个问题，我国在备选地址进行了多年冰流场观测。

其次，国内机场的混凝土跑道摩擦力大，冰盖上覆盖的几十米厚的松软积雪无法满足起降要求。队员们需要将积雪进行"改造"。改造流程大概是这样的：先用雪铲、吹雪机对积雪进行初步处理，然后用压雪机压实，再辅以雪犁，将积雪变成摩擦力大的粒雪表面，如此反复。这个过程有点像我们平时在国内见到的修路，但要对松软的数十米厚的积雪进行处理，工作难度很大。

最后，与国内机场相比，计划在南极冰盖建设的这个永久机场规模不算大，但它对导航系统、通信系统、气象保障系统的要求并不低。

为在南极冰盖建永久机场，中国第32次、33次、34次南极科学考察队进行了选址、测绘工作。最终，机场选址距离中山站28千米的冰盖，跑道长1500米、宽80米，并在机场建设前3年就在备选位置架设自动气象观测站，积累气象相关信息，着手基础设施工程建设，包括停机坪、候机楼，还有航空港。

2018年，中国第35次南极科学考察队的一项重要任务，即在南极冰盖开工试验性建设我国第一个永久机场。在第36次南极科学考察时，机场的"航站楼"已经盖好，那是一栋用7个集装箱建成的2层"楼房"，位于中山站以南28千米处，海拔760米。"28千米"因此成了科考队人人知晓的永久机场的代称。

2023年3月11日，中国第39次南极科学考察队在中山站干成了一件大事：中国南极中山永久机场正式挂牌，命名为"冰雪机场"。

陆上装备从进口到国产

运到南极的物资，有不同的卸货方式。比如，对量最多的燃油，一般先将船开到距离考察站合适的位置，然后对接输油管道；雪地车自身太重，无法通过飞机吊运，只能在靠近考察站海陆缘冰时，由机械师驾驶其前往中山站。

2008年11月27日一大早，中国第25次南极科学考察队乘"雪龙"号抵达南极中山站外海陆缘冰，第24次南极科学考察队中山站越冬队队长、机械师出身的徐霞兴来到船左舷，登上了一辆雪地车，接着发动车辆，计划开到船右舷，拖带雪橇，向中山站进发。

可就在他刚刚开出300米左右，到船头方向才150米时，履带下的海冰突然发生了塌陷，他连人带车坠入冰海。

车辆没水后，海水从车窗涌进驾驶室，就在这千钧一发之际，徐霞兴情急之下，打破了车顶的通气窗，从破口中逃了出来，上浮到水面后，拼尽最后的力气从冰洞中爬到冰面，随即倒在冰面上。

经过队医及时抢救，徐霞兴终于清醒过来，嘴里念叨的竟是："一辆车没了，一辆车没了。"

这次事故发生后，雪地车不能再贸然上路。专家根据冰情会商，于12月10日，用探冰雷达、冰面钻探等手段联合进行海冰深度、结构调查，最终确定了一条相对安全的卸运路线。

可是，为了建设昆仑站，还有两辆同型号的雪地车需要运上站。12月11日凌晨，中国第25次南极科学考察队领队助理夏立民、机械师曹建西分别走上冰面，驾驶着两辆雪地车，向中山站进发。由于徐霞兴的惊魂事件刚刚结束，为防止海冰开裂车辆坠海，两人身着救生衣驾车，出发后一路打开车门随时准备跳车逃生。但天气实在太冷，风呼呼地往里灌，而且开着车门也不一定逃得出来，曹建西和夏立民商量，索性关上了门，打开了热空调。

与此同时，指挥中心所在的"雪龙"号驾驶室里气氛十分紧张，大家的心都提到了嗓子眼儿。

"700米。"当听到对讲机里传来夏立民的报告,现场指挥麋文明的脸上终于露出了轻松的笑容。

"500米。"之后对讲机好一阵没有声音,死一般的沉静。

突然,对讲机里传来夏立民的声音:"曹建西,到这地方就不许跳车了啊!"

听到夏立民轻松的语气,大家长舒了一口气。

雪地车外形类似于履带拖拉机,但是履带更宽,而且履带上还配有长长的橡胶防滑齿。雪地车后面挂着两个雪橇,上面载着乘员舱、生活舱、航空煤油、雪地摩托、发电舱和卫生间等。驾驶室除了配备有GPS导航设备,还有寻找路标用的扫描雷达和高倍望远镜,另外设有测冰雷达,用以探测冰层厚度。

在南极内陆,在我国当时还没有配备直升机、固定翼飞机时,除了发电机,雪地车就是考察队员生命的底线保障。在野外考察时,雪地车是唯一可供寝卧食居的地方,也是防风防雪的安全之地。

◎ 内陆考察队车队(赵勇摄)

南极内陆圈里流传着这样一句话:"可以用三流的科学家,但必须用一流的机械师。"因为一流的机械师能够保证每位队员都安全归来。科学家的能力决定了整个队伍的上限,而机械师的能力则决定了整个队伍的下限。在艰险恶劣的南极内陆,机械师是考察队的后勤兵和生命线,其作用再怎么突出也不为过。

提及我国在南极内陆的格罗夫山考察,中国科学院地质研究所的机械师李金雁功不可没。

格罗夫山是距离中山站约460千米的一片山区,是当时东南极地区极少数尚未有任何国家开展正规考察的地区之一。苏联和澳大利亚的科学家一直对格罗夫山有着浓厚的兴趣。早在1958年和1973年,澳大利亚的地质学家曾随雪冰考察车队到达格罗夫山并短暂停留,苏联科学家小组也在20世纪50年代末和80年代初乘飞机到达过该地区,但双方均未开展实质性考察工作。

当时中国已在南极开展了多年的考察活动,但仍然没有属于自己的南极保护区,这让不少学者和科研人员有些落寞,也一直满怀期待——如

◎ 格罗夫山(缪秉魁摄)

果"走进去",将填补我国在南极尚无独立科学考察的空白。

1998年6月的一天,李金雁正在新疆参加东昆仑山的考察,中国科学院青藏高原研究所研究员刘小汉在电话里告诉他,去南极的格罗夫山缺一名机械师。

李金雁当时对南极了解很少,只问了一句:"去南极是不是可以到别的国家看看?"

"那当然,这次可能要路过新加坡和澳大利亚。"刘小汉答道。

一听能到国外看看,李金雁马上就答应了:"行,我去!"

刘小汉提醒道:"去南极有一定风险,以前我国从来没有人去过格罗夫山,你要有思想准备,有可能回不来。"

李金雁笑着说:"没事,我喜欢冒险,干别人没干过的事。"

就这样,李金雁成为中国第15次南极科学考察队格罗夫山队的一名队员。这是我国首次开展南极内陆格罗夫山科学考察,也是中国科学院青藏高原研究所研究员刘小汉经过近10年努力才争取到的考察任务。

1998年12月15日,中国首次南极内陆格罗夫山考察队从中山站出发。

在内陆出发基地准备物资时,两辆雪地车中的一辆突然坏了。由于当时我国南极内陆考察刚起步,设备经费不足,条件有限,任务如果要继续,就需要单车进入南极内陆考察。这种情况在人类历史上从未有过。

面对仅有的一辆雪地车,刘小汉犹豫了很久。因为根据规定,单车不能进内陆,否则就是进入真正的生命禁区了。而且要去的地方还没有人去过,可供参考的是10年前美国通过卫星拍摄的遥感照片。最终,他咬了咬牙,决定由李金雁驾车,单车勇闯格罗夫山。

国家海洋局极地考察办公室当时给刘小汉下达命令,找到格罗夫山就是胜利,能在那里住上几天就是超额完成任务,如果还能开展工作,知道在格罗夫山能够开展哪些调查工作,就更好了。

命运没有辜负刘小汉以及同行者的努力,他们实现了所有的期望,并提出了格罗夫山是陨石富集区的设想,为格罗夫山成为中国第一个独自承担的南极环境特别保护区提供了科学依据。

◎ 格罗夫山哈丁山营地（夏立民供图）

与李金雁一样，崔鹏惠也是半路投身南极事业的。

崔鹏惠原来的工作单位是青海工程机械厂。作为优秀机械师，1998年，他被派到中国极地研究中心参与修复 PB240 雪地车。这是崔鹏惠第一次见到雪地车，它们都是科考船从南极拉回国内的。

同年秋天，38 岁的崔鹏惠幸运地被中国第 15 次南极科学考察队选中。此次内陆考察队由 10 人组成，崔鹏惠和另外一位机械师的任务主要是负责车辆、雪橇等后勤支撑设备的保养与正常运转，记录车辆使用情况、油料消耗以及车辆在高海拔地区的适应性情况等。

他与队友开着雪地车在冰天雪地里走了 1106 千米，沿路留下 500 多个由竹竿和金属罐组成的标志杆，为南极科考开辟了一条全新的安全路径，成为中国南极科考史上一大突破。

2004 年 10 月，受中国极地研究中心邀请，崔鹏惠再次随中国第 21 次南极科学考察队深入南极。这次南极之行最重要的任务就是寻找南极内陆冰盖的最高点——冰穹 A。

此次南极考察中，装备、物资规模要比以往内陆考察大出几倍。一辆雪地车拉上 6 个雪橇，从车头到车尾长有六七十米，每辆车都超负载。

最难的是过乱雪丘，高低起伏，冲上去再下来，驾驶员坐在车里恨不得站起来半蹲着开。

在前进的过程中，所有科考队员经常一天工作十七八个小时，睡觉更是一件非常奢侈的事。崔鹏惠不仅要保证车辆的安全，还要确保人员和物资安全抵达目的地，所以在这次科学考察中，他经受了比别人更为严峻的体力和技能考验。

因为任务比较艰巨，此次前往内陆的车辆增至四辆，包括三辆PB240、一辆PB170。随着海拔升高，气温下降，在距离中山站706千米的位置，PB170车履带断裂严重，无奈被暂放在了途中。

行至海拔3500米的时候，PB240爆胎了。PB240使用的是充气轮胎，爆胎是机械师最头疼的事。钻车底修车的任务落在了稍微年轻一点儿的崔鹏惠头上。PB240底盘很低，换轮胎时，崔鹏惠只能靠队友推才能钻进车底。底盘里空间窄得连翻身都困难，崔鹏惠躺在零下52摄氏度的冰面上，抵住严寒和压力，以超强的毅力和精湛的技术，坚持了一个小时，用人工拧螺丝的方式修好了车子。从车底钻出来时，他接触冰面的半身衣服已冻得梆梆硬。

此次任务结束后，中国极地研究中心开始考虑车辆更新问题。为此，中心派了包括崔鹏惠在内的好几个人到澳大利亚、德国进行考察。经过调研，他们发现人家已经不生产PB240了。基于这一发现，中心随后采购了3辆PB300、4辆卡特挑战者。

然而，在第25次南极科学考察中，3辆PB240出发后行驶不到600千米就出了问题，之后就被南极内陆考察局彻底淘汰，只用于考察站区和周边。此后，考察队又采购了带雪铲的雪地车。

2015年，中国极地研究中心与贵州詹阳动力重工有限公司携手，成功研制出我国首款极地载具——极地全地形车。这些车辆的加入，让极地内陆考察队车辆有了质的飞跃。

其实，从中国第24次南极科学考察开始，崔鹏惠在对进口雪橇进行拆解的基础上，就已经着手雪橇国产化研制工作，目前国产雪橇已投入

◎ 崔鹏惠（左一）在工作（崔鹏惠供图）

◎ 机械师在南极内陆修雪地车（夏立民供图）

运营。

崔鹏惠去了13次南极内陆，是当时我国南极科考队队员中登上内陆最高点冰穹A次数最多的人。在他看来，从1998年参加南极科考算起，26年间，我国南极内陆车辆装备走在了世界前列。

退休后，崔鹏惠每次去中国极地研究中心，总能听到有关极地车辆的新鲜事。比如，在中国第40次南极科学考察中，由清华大学苏州汽车研究院携手中国极地研究中心等机构联合研制的"雪豹"2系列极地特种载具及工程装备，历时62天依次抵达泰山站、昆仑站及冰穹A区域，顺利完成了我国第二代国产极地特种载具的技术测试与性能验证，为我国在极地超限环境中全天候、全场域、全功能的自主科学考察与高效后勤提供保障。

值得一提的是，这些成绩基于第一代载具及装备在中国第39次南极科学考察队昆仑站任务中的测试结论与工程经验，是我国南极内陆考察向精密化、智能化、数据化、集约化转型发展的重要标志。

面对新一代机械师，崔鹏惠说："现在车辆出现什么问题，他们基本上都能自己排除了。好多人都是科班出身，也更年轻化。"每每这个时候，他也感慨："为什么就到了退休年龄呢？"他期待有机会再回南极转一圈。

◎ 南极霞光（沈权摄）

― 第 3 章

器 新致远
装备升级拓极途

极地考察是科技实力支撑的系统工程。曾几何时，科考队员在冰雪覆盖的世界中，仅凭简陋的装备和坚韧不拔的意志，书写了极地探索的壮丽篇章。首次参与南极科学考察的队员"挖地用铁锹"，"冻伤很普遍、晒伤也常见"，其情其景令人动容。

如今，科考设备与防护装备不断升级，机器人"开路"、新能源"上岗"，最大程度确保安全、精准、高效、稳定作业。与此同时，从高效的通信网络到舒适的居住环境，再到营养丰富的饮食供应等，科考队员的生活保障也实现了质的飞跃。越来越多的"中国制造"和"中国技术"出现在科考站区。这些变化不仅是中国极地科研实力的彰显，更是国家综合实力提升的缩影。

气象观测自动化

百叶箱测速仪、观测场围栏、仪器支架……1988年年底，满载人工观测地面设备的3辆卡车从北京出发，行驶一天一夜后，到达青岛码头。在那里，仪器和它们的主人——时任中国气象科学研究院极

◎ 内陆考察宿营地（夏立民供图）

第 3 章
器新致远

考察队员在南极安装自动气象站（中国极地研究中心供图）

地气象研究室工程师逯昌贵，一同搭乘前往南极的"极地"号。

这是中国第 5 次南极科学考察，目的是建造我国南极圈内首个南极考察站——中山站。值得注意的是，从国外易主改名的"极地"号并不是真正的破冰船，只能在浮冰占海区 40%—60% 的区域行驶。换言之，不管中山站建成与否，船只都要在来年 2 月底前离开南极。

为摆脱冰山围困，考察队花掉大量时间。当 2 月底船只离开南极时，中山站的老发电栋甚至连地板都没装，气象栋只盖了个"壳"。在此关键时期，逯昌贵被临时告知，成为中山站首批越冬队员，一待就是 14 个月。那年，留在中山站的越冬人员，除了完成自身的科考工作，最主要的任务就是完成所有房屋的内部装修和其他站内完善工作。

在逯昌贵的努力下，气象栋设施也逐渐完善。他成功建立了世界气象组织观测版图上的中山站发报站，填补了该区域的观测空白。

越冬期间，狂风怒吼，中山站的房子被风吹得颤动，并且发出轰隆隆的响声。即使如此，逯昌贵仍要带上手电筒，紧好棉胶靴靴口上的带子，走出门迎着风雪开展自己每日的观测任务。每天，光数据填图就要花掉逯昌贵大量时间。计算机专业毕业的他提出了一个大胆的设想：将人从这种烦琐工作中解放出来，建立自动气象站。

低温是影响南极大陆建设自动气象站的关键。从 2010 年开始，中国气象科学研究院极地气象科研团队开始研发超低温电池、风速仪、能源控制模块等多种设备，并多次派出考察队员前往南极进行超低温观测野外试验，最终自主研发出新一代超低温自动气象站，用于极地气象观测。我国也因此于 2018 年成为继澳大利亚、美国之后，第三个有能力在南极超低温地区开展连续自动气象观测的国家。

2021 年，我国国家级气象观测站再添两名极地"新成员"。北京时间 11 月 30 日 20 时，国家气象信息中心成功接收到中国南极考察站昆仑站和泰山站的气象观测数据，这意味着分别经过 5 年和近 9 年的稳定运行后，昆仑站和泰山站气象站已具备了业务运行能力，将获取长期、连续的常规气象观测数据。

不同于南极冰川下有陆地"托举"，北冰洋表面的海冰没有陆地"环抱"，因此布设在海冰上的自动气象站实际上一直在漂移，无法像在陆地上那样有计划地开展网格化布设。一旦海冰破碎，气象站便会沉入大海，无法继续工作。

针对这一问题，从 2012 年开始，我国气象部门在北冰洋海冰上布设漂流式自动气象站。漂流式自动气象站通过卫星传回采集到的风、温、湿、压和辐射等气象要素值，为研究北冰洋海－冰－气相互作用提供第一手观测资料。

目前，极地气象观测系统已基本实现国产化，温湿度计、辐射计国产化工作也在积极推进中。

海洋装备智能化

1984 年，我国组织首次南极科学考察时，虽然考察所选用的船只装备在当年已属先进行列，但当时国力仍待加强，与现在的科考装备相比，不可同日而语。我国首次南极南大洋考察队由海洋水文、海洋化学、海洋生物、海洋地质和海洋地球物理5个专业组组成，共同致力于探究海水的各种理化性质。为获得相关参数，对海水进行测量或采集海水样品，是必不可少的调查手段。

作为中国首次南极科学考察队南大洋考察队队员，杨关铭对海水样品采集过程记忆深刻。据杨关铭回忆，当年各专业组都配备了自己的测量采样工具，其中，海水的温度、盐度及对应的水深数据资料是通过下放温盐深仪器所取得，所用的仪器除了比较先进的美国进口的 Brown Mark Ⅲ 型 CTD，还有由国家海洋局海洋技术中心研制的 SZC9-1S. T. D 仪，后者观测深度为 0—3000 米。

营养盐、溶解氧、酸碱度等数据资料则是通过下放南森采水器（Nansen bottle）取得的，采集层次为 0 米、20 米、50 米、100 米、150 米、200 米、300 米、1000 米。南森采水器是采集预定深度的水样和固定颠倒温度表的器具，又称颠倒采水器、南森瓶。该采水器为圆筒形，总长65厘米，容积约1升，两端各有活门，由弹簧调节松紧，各用杠杆与同一根连杆连接，使两个活门可同时开启或关闭。

采集浮游植物与初级生产力水样则采用5升的球盖式有机玻璃采水器，采集层次为 0 米、10 米、20 米、50 米、100 米、200 米、500 米、1000 米。5升的球盖式有机玻璃采水器，顾名思义容积达5升，由于体积较大，其上下两端需拧固在缆绳上。

这两种采水器有一个共同点：均需要通过人工作业完成。一般情况下，科考队员将一个个采水器按照不同层次，间隔相应的距离，分别固定在绞车缆绳

◎ 杨关铭（右）和同事叶荣亮手执5升球盖式有机玻璃采水器开展作业（杨关铭供图）

上。每个采水器处于开放状态且在下端挂一个使锤（重锤），等所有层次的采水器安装完毕后，在缆绳上释放一个使锤，依次击打各个采水器，让采水器闭合采集到相应层次的海水。二者不同的是，南森瓶在受到使锤撞击后，采水器上端脱开绳子倒转 180 度，而球盖式有机玻璃采水器在使锤击落后不发生颠倒。接着，科考队员需要上拉缆绳，再通过人工操作，将采水器一一取下，完成样品的采集。这个过程非常耗费科考队员的体力，尤其是在海况恶劣的情况下，要完成这些工作更加显得艰难。

随着科技的进步，科考装备和作业手段发生了巨大的变化。如今，上述采样可以通过"深海高精度温盐深剖面观测及采水系统"（或称"温盐深综合测量系统"，英文简称 Profiling CTDs）完成。虽然这套设备通常被科考队员习惯性称为 CTD，但在杨关铭看来，它与之前的 CTD 已经有了很大不同——除了拥有测量温盐深功能，还配置了 16 个或 24 个分层采集水样的采水器。由于"新"CTD 拥有精确测深功能，水样分层采集的深度则更为精准。当然，最大的变化是，其完全改变了过去依赖人工作业的模式，大大减轻了科考队员的工作压力，极大地提高了工作效率。

同为海洋人，史久新对科考装备升级变迁也感触颇深。1994 年，"雪龙"号首航南极，作为中国科学院海洋研究所物理海洋学专业硕士，史久新随船开启了自己的首次极地科学考察之旅。

在史久新参加南极科考的时候，"雪龙"号还保留着改造前的运输船的样子，住舱也很少。3 个人一个房间，但只有一张上下铺。那个航次，史久新是睡在沙发上的。

除了生活条件有限，让史久新印象深刻的是，当时除了艉甲板的绞机，船上很难找到与科考有关的设备，连大洋调查中最重要的 CTD 设备都需要自行携带上船。在经停澳大利亚期间，考察队组织参观澳大利亚南极局，队员们一开始还很兴奋，但当了解到对方科学的管理体系、一流的观测仪器、完善的航空飞行保障时，面对巨大差距，渐渐心情沉重，继而沉默。

2024 年，史久新已成长为中国海洋大学教授，并终于圆了自己的心愿——搭乘"雪龙 2"号前往南极。在参观船上科研设施时，史久新不停

◎ 大洋调查 CTD 设备（夏立民供图）

感慨"今非昔比":"雪龙2"号基本配备了涉及海洋研究、地质学研究等领域的齐全设备;得益于极地科考软硬件保障能力全面提升,目前我国物理海洋研究成果不断,已经跻身世界第一梯队。

通信互联无界限

通信是考察站的耳目。

开展首次南极科学考察时,我国在极地通信保障方面几乎没有实践经验,对船舶到达南大洋海域后能否顺利实施有效通信没有十分把握。特别是通信条件的苛求、通信时段的保障,以及通信质量的提升等一系列问题,只能通过边实践、边总结,在摸索中前进。

最初,队员们往国内打电话有两种方式:一种是卫星通信电话,一种是海岸电台转接的电话。卫星通信不受时间和环境的影响,随时随地可拨打,且不需要中途转接,但价格贵;海岸电台通话受地点和环境的影响很大,通信质量差,有时一句话得重复多次,优势是价格相对便宜,与上海通话每分钟费用为3元,与国内其他地方通话每分钟费用则是4元。一般情况下,大家还是选择海岸电台转接的电话。越冬一年多,郑敏拿了5万多元补助,但光通信费就花了近4000元。

海岸电台还有一个特点,即无任何私密性可言。它就像一个大型广播系统,通话时不仅在同一个房间准备打电话的队友可以听到,全世界使用该频段的用户也可同时听到电话中所说的每一个字。通常那头问"想不想我啊?"要说不想,是假的,但这头多是"识趣"地回答"嗯,嗯"。如果不知道收听"特点",不经意间就向全世界发出了爱的宣言。

因为通信不畅,队员们的南极生活变得十分单调。在短则几个月、长则近两年的时间里,考察队员获得外界信息的主要途径是收听中央人民广播电台的"新闻与报纸摘要"节目。通信员在早上将节目录好,晚饭时再播放给大家听。

从2009年开始,中山站友谊山上架起了直径12米的白色"足球"——

◎ 中山站卫星系统（夏立民供图）

中山站卫星系统，该系统实现了与国内全时在线的数据和互联网通信。没在中山站越过冬的人难以切身理解这一变化的意义。

中山站有了网络，虽然速率有限，但已是一个巨大的改进。在中山站越冬的 14 个月里，中国第 26 次南极科学考察队越冬队队员曹硕赶上了"通信网络时代"，他通过视频，"目睹"了女儿的出生过程。

女儿快出生时，曹硕正在中山站执行越冬任务。妻子入院待产，宝宝似乎留恋母体，迟迟不肯出来。曹硕直言："那段时间，每天最盼也最怕听到的就是电话铃声。"为了确保不错过任何消息，他把电话搁在床头，连吃饭也守在电话旁。每隔四五个小时，他和家里通话一次，直到听到电话那头母亲传来的"母女平安"的喜讯，他才如释重负。

随着技术的不断进步，南极的网速也不断得到提升。2011 年大年初二，宽敞明亮的综合楼内笑声连连。"新鲜出炉"的央视春晚，让队员们真切感受到了过节的热闹气氛。这场节目是中国第 27 次南极科学考察队越冬队通信员王林涛从网上下载的。以前，考察队员要想看到春晚并非易事。中山站没有电视信号，要看到当年的春晚，最早也要等度夏结束回国途经澳大利亚时。通常是我国驻澳使馆人员把录好的春晚带子送给考察队员，最初是录像带，后来是碟片。越冬队员则得等第二年返回时，补看前两年的春晚。

如今，万里之外的国人也开始关注科考队员在网上发布的照片、语言文字，走进南极，了解中山站。从"南极帅哥"朱亲耀到"中山风雨情"的中国第 27 次南极科学考察队中山站站长赵勇，一拨拨队员像在进行接力比赛，将南极介绍给每一个热爱它的人。

2025 年年初，中国电信卫星公司与上海清申科技发展有限公司联合开展基于"智慧天网 01 星"的中轨卫星网络与地面 4/5G 网络互通验证，在南极科考站完成了我国首次中轨卫星极地 4/5G 通信，网速达到 100 兆左右，相当于将以前的网速从 2G 水平提升至 4G 水平。用户在南极科考站可通过手机终端等设备接入中国电信 4/5G 基站，由中轨卫星链路回传至中国电信卫星专属 4/5G 核心网，并与地面网实现互联互通。

机器人领航显身手

作为智能化装备的代表，机器人在极地探测中扮演着延展科学家视野和行动能力的关键角色。它不仅有助于实施大范围、深层次的极地探测任务，还可以有效减少科考人员在极地恶劣的气候和自然条件下工作的

◎ 恩克斯堡岛企鹅聚居区无人机倾斜摄影测量（朱李忠供图）

风险。

中国科学院沈阳自动化研究所机器人学国家重点实验室副主任韩建达研究员曾在接受记者采访时表示，对机器人技术而言，极地还是个崭新的应用领域，2006年以前，我国极地探测机器人领域尚属空白。

近年来，美国、加拿大、日本等十分重视有关极地科考的机器人应用技术研发。我国在这方面也进行了不少探索，并取得显著进展。

2008年，在中国第24次南极科学考察中，在国家高技术研究发展计划（863计划）支持下，由中国极地研究中心、中国科学院沈阳自动化研究所、北京航空航天大学组织的科研攻关小组，首次试验成功了具有我国自主知识产权的"低空飞行机器人"和"冰雪面移动机器人"。其中，低空飞行机器人在150米高空成功进行了2次15分钟25千米的低空稳定飞行，并圆满完成海冰温度勘探、航拍飞行等预期的科考任务；冰雪面移动机器人也成功地进行了机动能力、环境适应能力、防水能力的试验，以及冰川测量等初步科考任务。2012年，经过近2个月的试验，由中国自主研发的长航程极地漫游机器人顺利通过"身体素质"测验，在内陆冰盖地区成功完成了30千米的自主行走。

长航程是极地机器人完成无人科考任务所需的一项基本能力，直接关系到机器人可以在多大范围内作业，对通信、能源供应及机器人可靠性等性能提出了综合要求。此次开展测验的长航程极地漫游机器人重约半吨，可在极地零下40摄氏度的低温环境中作业。橘红色的机器人看上去就像一辆越野吉普车，其车体采用越野车底盘悬挂技术进行设计，4个车轮均换成三角履带，以提高其在极地冰雪地面上的行走能力。它还配有一套自主驾驶系统，可以实现极地冰雪地形地面环境识别及评估、定位导航和自动驾驶等功能。

来自中国科学院沈阳自动化研究所的卜春光和陈成是此次极地机器人实地考察与应用研究项目的现场执行人。从2011年12月9日到2012年2月5日，他们先后在中山站附近和内陆出发集结地附近的冰盖地区，对机器人进行了移动机构性能测试、探冰雷达搭载试验，以及长距离自主行走测试，回国后根据此次试验获取的数据，对机器人设计继续进行改进和优化。

2013年2月，在中国第29次南极科学考察中，我国自主研发的风能机器人"极地漫游者"（课题负责人是北京航空航天大学机器人研究所王田苗教授）在中山站附近冰盖上"走"出了第一步。这是我国研发的首台基于再生风能驱动的机器人，长1.8米、高1.2米、宽1.6米、重300千克，可在风能发电驱动下不间断地昼夜行走，能跨越高度半米以上的障碍物，并在冰盖复杂地形下进行多传感器融合的自主导航控制，还可以通过卫星链路进行遥控。

探索冰下海域和海冰特征是极地考察的重要组成部分。极地的许多海域长年被海冰覆盖，传统的海冰考察方法是在海冰上钻孔，这种方法效率比较低，获得的数据也相当有限。水下机器人可以不受海冰的影响，主动观测海冰特征、冰下水文、环境和生物等，从而获得大量有价值的数据。

早在20世纪七八十年代，一些国家就开始研发用于极地考察的无人水下机器人，我国也紧随其后，目前已经开发出多种专用于极地考察的水下机器人，包括遥控式有缆水下机器人（ROV）和自治式无缆水下机器人（AUV）。

2019年1月7日，考察队利用卸货的空余时间，在"雪龙"号锚泊点附近布放了一枚外观形如鱼雷的科学仪器。这枚橘红色"鱼雷"钻入水中约4小时后，从60米深处回到海面，完成了一次在南纬75度线向东漫游3.5千米的"破冰之旅"。这是我国极地科学考察首次采用无人自主水下机器人探测南极海洋环境。

这台能在水下自主航行的海洋仪器名叫"探索1000型AUV系统"（以下简称"探索1000"）。它最大的特点是没有电缆，依靠电池提供能源。外观被设计成了流线型，便于"潜游"得更深更远。

这次成功的测试，综合验证了"探索1000"在极地海洋环境下的导航、航行、自主潜浮、无线数据通信、水面遥控和布放回收等功能，意味着我国南极科考又增添了一种实用化观测手段。

不仅在南极，在面积超千万平方千米的北冰洋开展大范围、大深度、长时间的综合考察，水下机器人也已成为有效的技术手段。

在中国第 2 次北极科学考察中，我国首次使用了"海极"号遥控水下机器人。"海极"号遥控水下机器人是中国科学院沈阳自动化研究所短期内开发的专用水下机器人。2003 年 8 月 1 日至 9 月 6 日，"海极"号在北极海区共完成了 8 次冰下作业，作业区域分别位于楚科奇海、楚科奇海台和加拿大海盆，获得了大量以往无法获取的数据和图像资料。

此后，中国科学院沈阳自动化研究所研制了一种被叫作 ARV 的新型水下机器人。它的英文名字源自 ROV 和 AUV 的结合，既可以执行大范围的运动作业，又可以在局部范围内进行精细观测。新型水下机器人研制成功后，一共参加了 3 次北极科学考察。

2008 年，借助这款能在海冰边缘和冰下航行的机器人，我国科学家第一次看到北极海冰下的壮观景象。2010 年，这款机器人又参加了中国第 4 次北极科学考察。考察队员用时 3 天在北纬 87 度、厚达 1.8 米的海冰上凿了一个冰洞，把水下机器人从洞口投放下去，待它执行完任务后，再从冰洞里将其回收，以此验证该水下机器人完成任务后可回到原投放地。

2014 年，ARV 水下机器人成功"瘦身"，改进后的体积只有原来的一半大小。有了之前的经验，考察队员凿冰洞的速度更快了，机器人钻进冰洞后便可观测到海冰下的冰裂缝以及海冰融池等诸多现象。

2021 年，在中国第 12 次北极科学考察中，中国科学院沈阳自动化研究所的副研究员邵刚和 3 名同事负责的"探索 4500 自主水下机器人"表现出色，成功完成北极高纬度海冰覆盖区的科学考察作业。这也是我国首次利用自主水下机器人在北极高纬度地区开展近海底科考应用，其成功下潜获取的宝贵数据资料，将为北极环境保护提供重要的科学支撑。

值得一提的是，近年来，我国在极地探测机器人方面的创新尝试不断增多。例如，2025 年年初，在南极中山站附近的冰盖地区，我国自主研发的六足机器狗，顺利完成了一系列科考测试。目前，这款六足机器狗已经完成了在南极低温、湿滑冰面行走和负重测试，可承重 70—100 千克。

研究团队表示，机器狗的工作不仅仅是运送物资，未来还将根据科考人员的需求进行迭代升级，以满足在安全探测、科考作业等场景的应用要求。

高空观测自主化

在中山站的天鹅岭上，一座六边形外观的物理观测栋巍然矗立，成为站区一道亮丽的风景线。这栋被队员们亲切地称为"六角楼"的建筑，不光造型独特，功能也十分强大，承担着众多的科研观测任务。它正式的名称是"极区空间环境观测实验室"，是进行极光和天文观测的重要平台。

自 1994 年中国第 11 次南极科学考察以来，我国科学家与日本、澳大利亚等国家的科研机构开展了不少国际合作。然而，在早期合作中，我国在高空大气物理观测方面主要依赖外方提供的设备和技术。

1996 年，胡红桥（现任中国极地研究中心副总工程师）第一次在中山站越冬，观测极光和电离层。他至今还记得，当时我国只有一台电离层测高仪，极光观测采取中日合作的形式，设备由日方提供，中方负责观测，数据则双边共享。

在国家科技项目支持下，我国极地高空大气物理的观测研究能力快速提升。2005 年以来，我国在南极中山站建成了极区空间环境实验室，在北极黄河站建成了极区高空大气物理观测系统，为我国构建在国际上为数不多的极区高空大气物理共轭观测体系奠定了坚实基础。

胡红桥是变化的见证者和亲历者。2010 年前后，他已将当年日方提供的部分仪器打包回船，邮往日本。如今，我国在高空大气物理观测方面的观测能力明显提高，观测设备实现了从依赖外方提供到自主主导研发与生产的转变，增强了我国在国际科考合作中的话语权。

能源供给新生态

1995 年 11 月，绘画专业出身的摄影师薛冠超搭乘"雪龙"号，前往南极长城站。一年后，他随中国第13次南极科学考察队再赴南极，这次目的地是中山站。

到达中山站后，薛冠超发现站内5个巨大的储油罐表面没有任何标识和图案，实在是一种视觉浪费。于是，他利用自己的艺术才华，在这5个储油罐上各绘了一幅京剧脸谱，它们分别对应生、旦、净、末、丑5个戏曲行当。

这一创意不仅为中山站增添了一抹独特的文化色彩，后来还意外地引起了周围几个国家的队员的浓厚兴趣。他们纷纷前来观看，并兴致勃勃地在脸谱前留影纪念。从此，这5个储油罐也成了中山站的"航空地标"。

在中国第18次南极科学考察期间，考察队员进一步发挥这一创意，将中山站5个油罐的前后两端也画上了京剧脸谱。此外，他们还编了一道谜语来形容这些油罐："十张脸谱画，个个不一样；铁造的肚子，五百吨的量；一根命脉管，牵动你我他。"

作为中山站的第一代储油罐体，"脸谱"油罐在风雪的洗礼中见证了中山站的快速发展。随着时间的推移，中山站又建设了新的油罐系统，这次，12个白色的油罐上绘有十二生肖的图案，它们因此被称为"十二生肖"油罐。

油罐之所以受到关注，并不仅仅因为它们外观美观，更重要的是，它们是考察站的能源大动脉。

在2024年8月举行的2024中国极地科学学术年会上，《南极清洁能源利用技术十二年发展纲要》（以下简称《纲要》）正式发布。《纲要》由中国极地研究中心组织，太原理工大学牵头，联合山西省能源互联网研究院、中国电子科技集团第十八研究所、清华大学等12家相关领域团队共同编制。太原理工大学党委副书记、校长孙宏斌任首席科学家。

《纲要》指出，国际地球物理年（1957—1958年）以来，在近70年的国际现代南极考察活动中，燃油一直是南极考察中物资运输、设施运行、人员生活工作的基本能源保障。目前，可统计的全世界约40个南极科考站的一次能源供给均为燃油。其中，我国中山站、长城站、昆仑站的燃油

◎ "十二生肖"油罐（中国极地研究中心供图）

消耗更是占到了一次能源消耗的 90% 以上。这种以燃油为主的能源消费结构，是运输、储存、使用全链条各环节长期发展形成的、相对安全可靠的模式，但同时也存在环境污染等不利因素。

为了应对挑战，近年来，太阳能和风能等清洁能源成为减少南极科考站燃料消耗和排放的主要替代能源。截至 2022 年，已有 29 个南极考察站安装了清洁能源发电装置，其中超过半数的考察站采用太阳能或风能作为主要发电形式。

我国是极地考察的重要国家，极地清洁能源技术的发展不仅关乎我国极地科考的可持续发展，更对全球极地环境保护和应对气候变化具有重要意义。自 2000 年以来，我国一直致力于探索风能、太阳能等适合极地环境的清洁能源技术，并在中山站进行了多项试验和应用。

2017 年 6 月，第 40 届南极条约协商会议在北京举行，我国牵头倡导南极"绿色考察"理念，为南极考察活动向现代能源技术转型提供了重要契机。目前，我国的泰山站已配备了 80 千瓦风力发电机和 60 千瓦光伏发电站，中山站也曾建设、运行 21 千瓦的小型风力发电设施和 10 千瓦的小型太阳能光伏板阵列。

围绕南极清洁能源利用的探索工作，一直在进行。2023年12月14日，孙宏斌团队自主研发的"风－光－氢－储－荷"一体化清洁能源微系统在中国南极内陆出发基地附近的冰盖上安装调试成功，并顺利发出了"第1度电"。该系统是太原理工大学在南极冰盖安装测试的首个清洁能源供能系统，为深入开展规模化南极清洁能源利用提供了现场实证支撑。

2025年3月，国家电力投资集团有限公司旗下的氢能科技发展有限公司自主研发的"氢腾"燃料电池在南极秦岭站成功发电，这是全球范围内首次在南极应用氢能技术。

"氢腾"燃料电池是微电网的核心部件之一。在风光条件良好的时段，该燃料电池系统利用多余的电力制氢，通过存储氢气实现储能；在风光发电条件不好时，通过氢燃料电池将氢气转换为电能和热能。因此，"氢腾"燃料电池在微电网系统运行过程中，既发挥着储能作用，又起到分布式能源作用。此次应用于南极秦岭站供能的微电网系统配备最大储氢容量50立方米的储氢罐，单独用"氢腾"燃料电池发电可为站区提供连续24天、最大功率30千瓦的电力供应。该燃料电池系统可模块化扩展，功率范围覆盖50千瓦至数十兆瓦，发电效率可达50%，热电综合效率可达90%以上，设计寿命为4万小时。相比传统化石燃料发电，这款产品每发出1度电，可节省约400克标准煤，减少约1000克二氧化碳排放。

生活保障"蔬"适化

南极度夏期间，站上人多，管理员安排队员帮厨，在我参加的中国第27次南极科学考察中，每4名队员为一组，主要协助大厨择菜、洗菜、擦桌子、倒垃圾等。队友帮厨回来后感慨万分，因为从近1000枚鸡蛋里，只挑出了不到100枚没坏的鸡蛋，甚至在一整箱120枚鸡蛋里仅能挑出寥寥4枚好蛋！

在中山站的餐厅一角，曾有一排自选食品架，上面摆放的主要是脱水的蔬菜、罐头、饮料、调味品等。然而，其中大多数食品都超过了保质期。但大家好像已经习惯了这种情况，毕竟"雪龙"号一年才补给一次，过期不足为奇。甚至有人开玩笑说，由于南极绝对的低温且没有病虫危害，在不能及时补给时，食用这些东西应该问题不大。

事实上，为满足考察需要，考察队在每个航次都会补给物资，特别是考察人员必需的日常用品。然而，因难以存储，有些物资显得尤为金贵，比如蔬菜。蔬菜在南极的极端环境下很容易脱水或者腐烂，脱水后的蔬菜看起来像晒干的咸菜，口感不佳，很多队员都吃不下，只能将其包成饺子食用。科考队员会通过其他方式补充维生素，但这无法完全替代新鲜蔬菜和水果所带来的营养。

能不能种蔬菜？要回答这个问题首先要面对的是这样一个事实：南极是一个亘古荒凉的生命禁区，千万年来除了地衣和苔藓，没有任何植物能够突破冰川的封锁。当然，虽然在南极种植蔬菜困难诸多，但也有一些其他地区不具备的优势。例如，这里的气温很低，没有虫害和病害，所以不需要使用任何农药和化肥；水质很纯净，都是从冰川中融化出来的。不利因素也显而易见，种植蔬菜只能在南极的科研基地里通过人工栽培来实现。即使是在室内种植，也非常有挑战性。因此，在南极，新鲜蔬菜最稀缺，也最金贵。

在南极长城站，最初，科研团队曾计划给植物建一个玻璃温室，利用南极洲上充足的阳光来提供光照和温度。但是，南极上空的臭氧层比较薄，导致紫外线过强，会对植物造成伤害。而且，玻璃温室也无法抵挡南极的强风和暴雪。因此，这个方案很快被否定了。

经过多次试验和改进，科研人员最终在长城站科研基地内建起了一间约16平方米的"花房"实验室。在这个"花房"里，有许多高科技设备用于植物栽培。例如，用微机来监测和控制大棚中的温度、湿度、光照等条件。由于没有土壤可用，这些菜都是采用水培或营养液培养的方式来种植的，营养液中的养分都是精心配制的，以确保植物的健康成长。自动灌溉系统每隔一小时向水槽内注入营养液；当房间湿度低于70%时，加湿系统将向房间内喷洒水雾。此外，为了模拟自然环境，还使用了特殊的灯光系统，该系统可以根据不同的季节和时间来调节光线的颜色和强度，为植物提供适宜的光照条件。

队员们尝试种植了番茄、黄瓜、辣椒等，甚至还尝试种植西瓜。经过多年的努力，如今的"花房"面积已经扩大到40平方米，每年可以生产青菜300多千克、水果100多千克，既可以满足科研人员的营养需求，又可以丰富他们的生活。

从中国第31次南极科学考察开始，在国家科技支撑计划"南极极端环境温室蔬菜生产关键技术研究与示范项目"的支持下，在初期试验获得成功后，从2017年开始，中铁建工集团有限公司南极项目部承建中山站蔬菜温室。该蔬菜温室采用能抵御14级强风的现代化透光性建筑结构，造型如冰块般晶莹剔透，既保证了温室所需的光照通透性，又符合极地建筑的视觉特征。队员们还给温室安装上空气能热泵系统、通风系统、加湿除湿系

◎ 南极长城站"花房"里的蔬菜（沈权摄）

统、循环通风系统、人工补光系统、全黑帘幕系统、灌溉施肥系统、无土栽培系统、电气控制、温室环境自动监测与控制系统等，基本满足了蔬菜生长所需的各种环境条件。

2020年，在中国第36次南极科学考察中，中铁建工集团有限公司南极项目部圆满完成了"南极极端环境温室蔬菜生产关键技术研究与示范项目"——蔬菜温室和连廊的建设任务，其中，一楼温室满足站区蔬菜的种植需求，二楼玻璃连廊方便了队员通行。如今，这条连廊已成为中山站"最亮丽的风景线"。中山站的考察队员们初步实现了"蔬菜自由"。此外，中山站蔬菜温室有力推动了低能耗加热、降温、补光、遮光、除湿、加湿、温室环境智能控制和远程监控、高效蔬菜无土栽培、超高产栽培等技术的深入研究与发展。

◎ 吊装作业（赵勇摄）

第 4 章

测绘升级
经纬雪原谱新篇

"测绘人的地图测到哪里,象征着祖国的权益就延伸到哪里。"这是被誉为"极地测绘之父"的鄂栋臣常常向学生们提起的一句话。

极地考察,测绘先行。鄂栋臣一生7赴南极、4探北极,参与南极长城站和中山站建设、北极黄河站考察等重大项目,创立了中国极地测绘遥感信息学。在鄂栋臣的影响和教诲下,自1984年至2025年4月,武汉大学累计选派近200人次参加中国南北极科学考察,是国内参加极地考察最早、科考频次最高、派出科考队员最多的高校。

黑龙江测绘地理信息局也是极地考察的重要力量。自2002年至2025年4月,该局共派出70人次参与中国南北极科学考察,为极地科学考察提供测绘地理信息综合保障。北京师范大学、同济大学、中山大学等高校也积极参与了多次南北极科学考察,运用测绘遥感技术为我国极地科考提供了支撑和保障。

我国极地测绘技术已实现跨越式发展,从早期传统地面测绘,到卫星测绘遥感应用,再到航空和无人机测绘深度融合,一代又一代的测绘人,共同

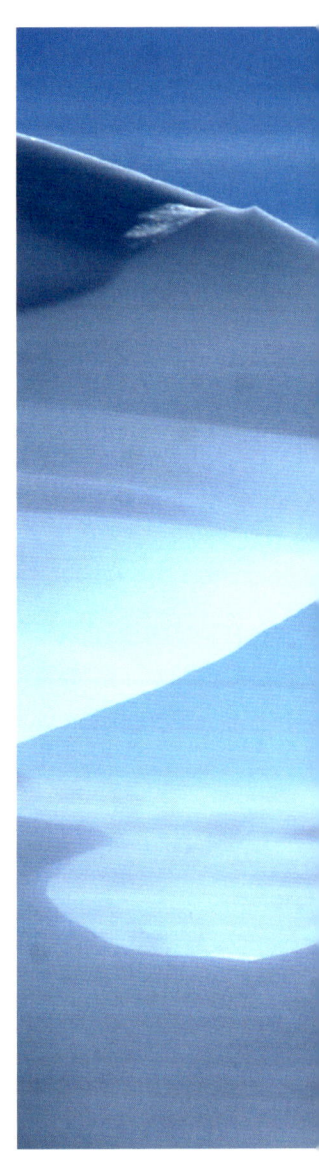

◎ 向内陆进军(夏立民供图)

第 4 章
测绘升级

见证了中国极地事业从无到有、从弱到强的发展历程。

从传统地面测绘起步

1984年11月26日,上海浦东港口熙熙攘攘,由591人组成的中国首次南极科学考察队即将从这里出征。

45岁的鄂栋臣彼时在武汉测绘学院(1985年10月,该学院更名为武汉测绘科技大学,2000年8月,被合并重组为新的武汉大学)任教,凭借过硬的专业技能和丰富的工作经验,成为本次考察队党支部副书记和测绘班班长。

亲朋好友听说后纷纷劝阻:"都这么大年纪了,何必将一把骨头丢到南极。"生性乐观豁达的他一笑置之:"我这把骨头,可没那么容易扔!"

"就是死了,我也光荣。"鄂栋臣毅然决然地自己签下名字,并在一旁的空白处留笔:"我的生死,由我自己全权负责。"鄂栋臣当时没想到的是,自己一生将参与7次南极考察和4次北极考察,是长城站、中山站、黄河站三大站创建过程的唯一亲历者。

1984年12月26日,船只抵达乔治王岛。"向阳红10"号既不是破冰船也不是抗冰船,这意味着考察队必须赶在南极夏天结束前完成建站并撤离。

建站,测绘是最基础的工作之一。新的站址确定后,测绘班的首要

◎ 鄂栋臣教授(左四)站在"向阳红10"号右舷甲板上(程晓供图)　　◎ 鄂栋臣在帐篷旁(程晓供图)

任务是要测出站址精确的经纬度,尽快向祖国人民报喜。因为时间紧迫,郭琨队长将测出站址坐标的时间压缩到了两天。鄂栋臣赶紧连夜准备,接收子午仪卫星定位信号。

按原计划,第一天登陆成功后,大部分人员要撤至"向阳红10"号。谁知,晚上来接人的两条小艇在途中遇雾,迷失航向,找不到长城海湾的入口处。全体登陆队员被困在海滩上,不得不在沙石冰凉的地上"吹起"十几个充气帐篷"避难"。因为后勤支援未跟上,每人只发了一个面包、一段香肠、一包方便面,也算是勉强填饱肚子的美餐了。

即便如此,测绘工作开展得还算顺利。值得一提的是,1984年12月29日,当鄂栋臣手捧着制作好的站区地形测绘草图,跟随郭琨研究建站海滩工地布局安排时,竟像磁石般将记者都吸引过来了。原来在这张草绘的地图上,有鄂栋臣在海滩前面无名的海湾上随手写上的"长城海湾"4个字。记者们敏锐地发现了它——这是中国人在南极命名的第一个南极地名!

1984年12月31日,天空晴朗,一块由水泥浇灌成的、上面有鲜红"奠基"二字的基石,埋入了冻土之中——中国南极长城站正式奠基。

此后,鄂栋臣带领组员们住在临时搭建的帐篷内,踏冰雪、穿山脊,每天扛着木桩、铁锹、镐和铲,依靠简陋的小平板做大比例尺测图,用两条腿去跑水准。他们克服重重困难,在4平方千米范围内布设了33个控制点和图根点,野外测量1665个地形点,仅用半个月的时间就完成了站

长城站建设场景(程晓供图)

鄂栋臣(右)在南极长城站开展工作(程晓供图)

区地形测绘工作。

1985年2月10日，鄂栋臣测绘完成了我国第一幅南极地形图。在这幅1∶2000的地图上，他把极具中国特色的名字赋予南极无名的山川湖泊：长城海湾、望龙岩……

以此为起点，鄂栋臣也翻开了个人事业新篇章。

南极长城站建在西南极乔治王岛上，纬度较低，位于南纬62度，还未进入南极圈（南纬66度），且没有建在南极大陆上。4年后，我国决定在东南极的南极大陆上建立第二个考察站——中国南极中山站。因为4年前鄂栋臣带领测绘队成功完成了长城站建站的基础测绘保障任务，所以这一次中山站建站的测绘任务，又责无旁贷地落在他的头上。

1988年11月，鄂栋臣搭乘"极地"号，参加中国第5次南极科学考察，这也是我国首次对东南极进行科学考察。

1988年12月25日早晨，船队总指挥部通知测绘队乘第一架次直升机正式登陆，测定中山站站址的精确地理位置。直升机飞越一片广阔的海冰区，抵达拉斯曼丘陵上空。拉斯曼丘陵位于东南极普里兹湾东岸和南极大陆冰盖缘头之间，是一片有100余平方千米的露岩丘陵区。所谓露岩，即夏季积雪全部融化，岩石裸露，整个南极，只有不到10%的陆地夏天能这样可见"真面目"，其余全被常年不化的冰雪覆盖。

最终，飞机在一个冰尚未完全融化的湖滩平地上着陆。这里是打前站的郭琨和李占生几经曲折探险，并经澳大利亚、苏联两国考察人员协助，提前一个月到达此地勘察的选站区。

本来，在中山站区南面1000米的达尔柯布科诺海湾底端西侧，有一块山脚下的开阔岩石坡地，是更理想的建站之处。可是，建立在拉斯曼丘陵深处的苏联进步站，抢先一年用几个集装箱式的小房子给占住了。因此，在随第二架次直升机到来的海军少将陈德鸿总指挥与大家权衡、比较后，中山站选在了预选站区——米洛北半岛北端，望京岛之南，莫愁湖之东。

在南极科考如火如荼开展时，我国在北极领域的研究仍是一片空白。

1996年，57岁的鄂栋臣获邀作为内地唯一专家，跟随内地－香港"北极追踪"探险队，乘坐加拿大北方航空公司的飞机在北极点附近着陆。经过一系列艰难紧张的测量和一次次搜寻测试，鄂栋臣手中的GPS准确地显示出90度。脚下就是北极点！鄂栋臣颤抖着双手，郑重地将中国国家测绘标志安置在北极点上。随后，他还精准地测算出北极点与北京之间的最短距离——5582.81千米。

早在20世纪80年代，为维护国家信息安全、建立中国自主可控的地理信息系统，李德仁（后当选中国科学院院士、中国工程院院士，2023年度国家最高科学技术奖获得者）和龚健雅（后当选中国科学院院士）就组建团队，研制出支撑国家地理信息公共服务平台"天地图"的虚拟地球系统，使中国成为继美国之后，全球第二个能够提供数字地球系统服务的国家。

随着能源、通信基础设施建设和北斗定位系统投入使用，极地测绘技术向纵深发展。2007年，艾松涛（现任武汉大学中国南极测绘研究中心副主任）带队在南极中山站建成中国境外第一个北斗监测站，从此我国自主卫星导航系统走出国门，服务全球。验潮是测定南极海平面变化的最直接手段，结合北斗监测站，武汉大学科考团队持续为南极高程基准建设提供高精度数据保障。

卫星测绘遥感的兴起

在人类认识南极的过程中，遥感技术，尤其是由航天发展派生的卫星遥感技术功不可没。

人类第一次认识南极洲全貌就是通过遥感卫星。20世纪60年代，美国Argon返回式间谍卫星揭开了南极洲的神秘面纱。Argon在轨运行时间为1961—1964年，主要拍摄目标是南极洲。该卫星的地面分辨率达140米，幅宽556千米，并成功拍摄了历史上第一幅南极遥感影像。

1959—1980年，Argon连同另外两颗极轨间谍卫星Corona、Lanyard，共拍摄了99万张全球地表遥感影像。这些影像于1995年2月23日解密，并交由美国国家档案馆和美国地质调查局保存。2005年，美国国家冰雪数据中心的科学家精选了62张由Argon在1963年8月29日至1963年11月3日期间拍摄的南极洲影像，通过拼接处理，得到了一幅分辨率为100米的南极外围黑白镶嵌图。该镶嵌图所记录的南极洲早期冰川特征，为南极冰盖变化监测研究提供了重要的历史资料。

在国外卫星遥感技术快速发展的同时，我国学者也开始积极关注航空摄影，其中包括武汉大学孙家抦教授。

孙家抦曾于1990—1991年和1992—1993年两次参加南极科学考察。在第一次任务中，孙家抦的主要目标是进行航空摄影，以获取航测图。直升机需要在几千米的高空上飞行，在南极高空的严寒中，孙家抦在飞机上钻了一个小孔，匍匐在舱板上进行拍摄。受限于当时的技术条件，寻找冰层上的特征点非常困难，航线的重叠度也需要自己手动把控。然而，即便面临层层险阻，孙家抦凭借卓越的专业知识和娴熟的操作，成功完成了航测图的测量工作。

南极存在众多冰缝，威胁着科考车辆出行，甚至可能危及队员生命。孙家抦和团队利用卫星遥感影像监测南极冰缝和冰线的位置和厚度，为科考队员规划出行路线，保障队员的安全。他还系统梳理了多年的科研成果，创作了《遥感原理与应用》教材，为测绘遥感领域注入了新的智慧和洞见。后来，这部教材不仅在国内成为业界的标杆，更为培养一代又一代的测绘遥感专业人才奠定了坚实的基础。中山大学测绘科学与技术学院院长、极地研究中心主任程晓便是受益人之一。

1994年9月，武汉测绘科技大学的学术报告厅里，18岁的测绘系新生程晓听南极考察报告入了神。这场报告对他产生了重要影响，让他对南极产生了浓厚兴趣。

1998年，当以全年级第二名的成绩获得保研资格时，心仪南极研究4年的程晓如愿师从鄂栋臣，研究方向是全球定位系统（GPS）。研究生毕业时，综合权衡下，程晓主动放弃了留校机会，报考中国科学院遥感应用研究所博士研究生，师从徐冠华院士。

博士生二年级时,程晓开始考虑毕业论文选题,导师们提了几个参考方向供他参考:地理信息系统、湿地遥感、遥感软件开发。经过大半年摸索,程晓最终决定,仍将南极作为自己的研究区域,选择格罗夫山地区复杂冰流速监测作为自己的博士论文选题。原因是格罗夫山地区的冰流速十分复杂,在这里研究一方面可以提升技术,此外所获取的冰流速数据非常有意义。

但问题接踵而至:当时遥感应用研究所没有极地遥感方面的指导老师,也没有极地遥感方面的项目支持,而且国内能够找到的可参考资料太少。当时遥感应用研究所所长李小文(2001年当选为中国科学院院士,2014年在中国科学院大学作讲座时,因被人拍下的一张照片走红网络。照片里,他黑衣蓄胡、光脚穿布鞋,被网友称为"布鞋院士")力排众议,拨给程晓"知识创新课题"经费20万元。

这是程晓挖到的"第一桶金",也使他成为遥感应用研究所建所20多年来,以学生身份拿到创新经费的第一人,这在整个中国科学院都很少见。程晓拿着经费购买了欧洲空间局的数据及相关软件。

2004年,程晓顺利通过毕业论文答辩。他的论文有两大创新:一是创下了干涉雷达技术在复杂冰流区测量冰流的少有成功范例;二是首次

◎ 开展格罗夫山梅森峰高程测量(王泽民供图)

综合使用两种不同频率的微波数据来进行复杂冰流速测量。后来，这篇论文发表于国际冰川学界影响力最大的刊物《冰川学杂志》（*Journal of Glaciology*）。

在拥有了南极长城站、中山站后，随着卫星遥感技术精度的提升，中国南极科考队向南极内陆"高点"挺进也有了更加有力的保障。

2004年，中国第21次南极科学考察队设立了一支由13人组成的内陆冰盖考察队。作为这支冰盖队的成员之一，武汉大学中国南极测绘研究中心博士生（现为教授）张胜凯承担了测定冰穹A最高点的任务。出发前，他和团队在国内搜集了世界各国的卫星遥感影像，利用这些影像，确定了冰穹A大致的范围。

为了精确测绘出冰穹A地区的地形图，并确定其最高点，武汉大学中国南极测绘研究中心、测绘学院、卫星导航定位技术研究中心和测绘遥感信息工程国家重点实验室等多家单位，联合组织专家、教授进行方案论证，最终确定采用实时动态差分GPS技术并结合传统测量技术。

之后，张胜凯就开始着手进行双频高精度GPS接收机、GPS导航仪和全站仪等仪器的实验工作，进行数据处理试算，并准备了多套数据处理方案，为攻克冰穹A作最充分的准备。

2005年1月18日3时16分，这是张胜凯生命中值得铭记的时刻。那一刻，他手中的GPS接收机显示，该最高点的位置是南纬80度22分00秒，东经77度21分11秒，高程4093米。张胜凯成为世界上测定南极冰盖最高点的位置和高程的第一人，也成为中国首张南极冰穹A地区1∶50 000冰面地形图的绘制者。3年后，在我国第24次南极科学考察中，测绘团队历时5天，绘制出冰穹A历史上首张高分辨率地形图，为我国南极昆仑站选址提供了支持。

历经多年发展，我国卫星遥感技术取得了长足进步，然而，过去我国对极地，尤其是南极地区关注得比较少，拍摄活动主要集中在国内和我国周边地区。这一状况在2008年得到改观。

2008年年初，受中国南极科学考察队委托，我国"北京1"号小卫星和"资源2"号卫星对南极格罗夫山和冰穹A地区展开了拍摄。遗憾的是,"资源2"号卫星由于相机曝光增益未调节到位导致曝光过度,未能实现成功拍摄。所幸,"北京1"号小卫星表现出色,成功拍摄了南极格罗夫山地区的大范围彩色影像和南极冰穹A地区的高分辨率全色影像,这被认为是中国遥感卫星在南极拍摄的处女作。由于卫星地面接收站稀少,我国遥感卫星尚未实现对南极地区的业务化拍摄。不过只要接到请求,且在条件允许的情况下,都会安排拍摄任务。如在2013年年底"雪龙"号被困于南极海冰时,环境与减灾小卫星、"资源3"号卫星以及高分卫星等卫星拍摄的图片发挥了非常重要的作用。

在南极科研早期阶段,我国科学家在国际极地遥感领域的声音相对较弱。但是近年来,在国家863计划的支持下,中国科学院遥感应用研究所和北京师范大学合作,与美、英科学家几乎同步完成了南极洲陆地卫星全图的制作。值得一提的是,我国科学家还在此基础上研制出了全世界首个南极洲地表覆盖图,这一成果得到国际同行的广泛赞誉。从这时开始,我国极地遥感领域的科研人员开始逐步跟上国际同行的步伐。同时,他们还积极参与极地科考船航行安全保障任务,提供实时冰情及航线规划建议等,极大地促进了我国极地科考工作的开展。

为弥补我国长期自主极地观测数据短板,2017年,程晓提出我国应该建立"三极遥感星座观测系统"的倡议。这一倡议得到了全国20多家科研院所的积极响应与支持,项目得以顺利推进。

2019年9月12日,我国首颗极地遥感小卫星冰路卫星成功发射升空,它也是我国"三极遥感星座观测系统"的首颗试验卫星。同年10月8日,卫星数据引接系统正式上线,并向全球科学家开放。

目前,在我国的极地科学研究中,冰路卫星已初显身手。2019年9月25日,位于我国南极中山站西侧的南极洲第三大冰架——埃默里冰架——发生了大规模崩解,形成了一个面积约1670平方千米的巨大冰山。针对这一突发的冰山崩解事件,卫星运控团队紧急启动了机动模式,对埃默里冰架及中山站地区实施过境即拍,卫星连续8天成功成像,实现了对

 ◎ 新站选址航摄前准备工作（朱李忠供图）

 ◎ 秦岭站选址建设测绘保障（朱李忠供图）

该地区的连续监测。

2024 年年初，中国南极秦岭站开站。鲜为人知的是，从 2012 年开始，在这一片人迹罕至的区域，很多测绘人开展了大量基础工作。当时北京师范大学惠凤鸣副教授与团队成员利用 15 米高分辨率卫星遥感影像，对整个南极洲近 18 000 米的海岸线进行了详细巡查，综合过去 30 年环南极的海冰季节分布情况等因素，确定了两个重点靶区。

靶区之一是秦岭站附近的恩克斯堡岛周边区域。遥感影像中看似平坦的小岛，其实地面布满了大大小小的冰碛岩石。800 多米的路程，惠凤鸣一行两个人扛着设备，要走 40 分钟。在一周左右的考察中，惠凤鸣差不多走遍了整个小岛，甚至磨破了一双鞋，通过现场比对遥感测出的结论，确认新站选址的可能性。

与传统测量方法相比，遥感技术在测绘中具有较大的优势，其最大的优点是能够获取大范围、高精度的地表信息，但其获取的图像分辨率可能有限，这限制了其在某些应用中的精度。例如，低分辨率的遥感图像可能无法准确识别小的地物或细节。

2005 年，作为中国第 22 次南极科学考察队的一员，程晓的任务是在距离中山站 400 千米的格罗夫山地区，与武汉大学合作安装 11 台雷达卫星用地面角反射器，为卫星雷达遥感在地面上装上了"对话装置"。围绕考察队的宿营和行进路线，程晓在格罗夫山核心区的南北两大冰流上共安装 10 台角反射器，并布设了多个 GPS 观测点。另外，考察队还派出直升机，协助在格罗夫山核心区以北冰裂隙密布的大冰流上安装了 1 台角反射器。

这是我国首次在该地区设立永久性地面遥感标志，并开展地面同步观测。角反射器主要用于监测冰流速。冰流速的监测数据对保证科考队员安全、开展陨石收集研究以及其他的地质工作都是非常有用的。把不同时期的遥感影像进行比较，可用于地形图测绘、冰流测量和冰裂隙探测，还能用于长期更准确地监测格罗夫山地区的冰川运动状况。

自中国第 21 次南极科学考察以来，武汉大学和黑龙江测绘地理信息局在南极普里兹湾 – 埃默里冰架 – 冰穹 A 断面开展了为期十多年的全球导航卫星系统观测。武汉大学中国南极测绘研究中心杨元德教授团队首次获得冰穹 A 区域及该断面的高精度冰流速数据。他们将该数据与 InSAR（干涉合成孔径雷达）遥感结果对比，证明在对东南极冰盖的观测中，InSAR 遥感手段整体可靠。相关研究成果于 2014 年发表在《冰川学杂志》上。

2015 年，程晓团队在《美国科学院院刊》（PNAS）发文，揭示在全球变暖背景下，海洋驱动南极冰架变薄，并由此加剧冰架的崩解和退缩。

◎ 杨元德在南极冰穹 A 测量冰流速（杨元德供图）

这一发现表明，海洋对南极冰架的崩解起着关键作用。这是我国极地地学领域学者首次在《美国科学院院刊》发表的成果，也是我国首篇南极冰架研究论文。

2023 年 7 月 10 日，由同济大学测绘与地理信息学院、空间信息科学及可持续发展应用中心李荣兴教授团队牵头，联合澳大利亚昆士兰大学及新西兰奥塔哥大学研究人员共同完成的研究成果在《自然 - 通讯》（*Nature Communications*）上发表。团队研究发现，与东南极冰盖冰物质微量增加的总体趋势相反，目前东南极威尔克斯地冰流加速、冰物质损失加剧，其中以托腾冰川变化最为突出。

李荣兴团队牵头应用第一代 ARGON 卫星胶卷影像和早期 Landsat 卫星数据，首次重建了托腾冰川 1963—1989 年的三期历史冰流速场，与近期遥感数据产品联合形成了近 60 年的长时间冰流速序列。进一步计算和模拟结果显示，早在 1963 年托腾冰川的冰流加速和物质排放增加就已经开始，短期加速主要与 1973—1985 年发生的冰架前缘大型崩解有关，而接地线附近的加速则是由绕极深层暖水入侵所致。1963—2018 年，持续的冰架底部融化驱动了接地线附近的冰流加速和冰通量持续增加，使得托腾冰川成为东南极冰川中对全球海平面上升的最大贡献者。

40 年来，国家大事业磨炼了科研人员的真本领，我国极地测绘也实现了从无到有、从弱到强的跨越式发展。在人类到达南极之前，南极不仅是地理上的"无人区"，更是科学研究的"无人区"。然而，40 年间，中国南极科考的目标，已逐渐从"抵达南极"转向了深入"研究南极"。

无人机丰富测绘手段

随着科技进步，无人机已成为我国南极科学考察的"标配"，其技术与高精度精细化航测的快速发展，为南极科考提供了新的解决方案和更高效的工作方式。

2007 年是中国南极无人机元年。在中国第 24 次南极科学考察中，北

◎ 2007年，北京航空航天大学首次用于南极科学考察航测的无人机（王挺供图）

京航空航天大学研究生王挺首次应用无人机技术开展南极科考航测工作，搭载海冰温度传感器和光学相机开展无人机巡航，并获取了中山站的正射影像。据王挺回忆："当时商用无人机还没有出现，飞机和搭载的飞控系统都是实验室自行研发的。起飞场地和中山站外海冰区域间有山峰地形遮挡，导致遥控信号不稳定，给飞行安全带来了诸多挑战，好在无人机按照规划航线自主飞行，最终也安全完成了任务。"

2009年，基于中国第24次南极科学考察的成功经验，中国极地研究中心和北京航空航天大学机器人研究所继续联合研制了"贼鸥"和"大白鲨"两种固定翼无人机，并先后在中国第26次南极科学考察期间完成"雪龙"号破冰导航，在中国第30次南极科学考察期间首次实现无人机船载起飞回收，在中国第31次南极科学考察期间完成中山站冰盖机场选址工作。

2014年以来，无人机在南极的应用迎来了发展的大时代。从第31次到第34次南极科学考察，黑龙江测绘地理信息局极地测绘工程中心副主任（主持工作）朱李忠在南极连续度过了4个春节。

在中国第32次南极科学考察期间，朱李忠和团队首次采用多旋翼无人机搭载"1个垂直+4个倾斜"的5镜头云台,完成了我国首张南极科考站区三维实景地图。这也是我国在南极首次利用倾斜摄影测量技术开展实景三维地图测绘,获取了长城站站区及其周边至智利费雷站区域3.14平方千米高精度实景三维模型成果,等比例还原站区及其周边场景。

在中国第33次南极科学考察期间,黑龙江测绘地理信息局持续开展考察站及周边重点区域倾斜摄影测量工作,完成中山站站区及其周边32个架次倾斜摄影测量、秦岭站选址区域,以及新港角8架次无人机航空摄影测量,获取了站区及其周边区域高精度实景三维地图成果,成功探索出适用于极地复杂地磁环境和恶劣气候条件下的多旋翼无人机倾斜摄影测量技术体系。

自中国第34次南极科学考察以来,黑龙江测绘地理信息局持续基于多旋翼无人机开展考察站站区及其周边重点调查区域实景三维地图测绘,并在中国第34次、35次南极科学考察期间完成恩克斯堡岛企鹅保护区(ASPA178)实景三维地图测绘。

在中国第35次南极科学考察期间,同济大学利用多旋翼无人机搭载

◎ 复合翼无人机试飞(朱李忠供图)

光学相机对候选冰盖机场进行详尽测绘。次年，同济大学首次进入泰山站区开展搭载冰雷达试验，进一步拓展了我国南极无人机的载荷种类和应用范围。

多旋翼无人机在南极作业时面临多重挑战：受南极低温影响，电池续航性能显著下降，导致单次有效航时大幅缩短，实际作业时间小于20分钟；其抗风能力差，仅能抵御4—5级风力；南极适合飞行的天气少，降雪时还会导致地物变化大，飞行无法连续，给后续影像内业建模带来困难等。2020年，黑龙江测绘地理信息局在中国第37次南极科学考察期间首次开展续航能力更强的复合翼无人机试飞实验。2021年，中国第38次南极科学考察期间成功开展了环南极大陆不同地磁环境、气候条件和作业保障模式下的复合翼无人机飞行试验，在南极开展大面积航空摄影测量，获取航空摄影测量面积相较多旋翼无人机呈10倍的数量级增长。同年，中山大学在秦岭站开展复合翼无人机航空摄影测量作业。

此外，无人机还被用于遥感测绘作业。

2014年12月23日下午，一架白色"极鹰1"号小型遥感无人机从距中山站10千米处的冰盖成功起飞，一小时后携带500余张高清遥感照片着陆，这标志着中国第31次南极科学考察队"南极地貌遥感调查"项目取得关键性进展。这是我国首次在南极地区使用无人机进行遥感测绘作业。

不到两年，即2016年1月18日，中国新型遥感无人机"极鹰2"号在南极长城站成功首飞。至此，中国极地遥感无人机已实现包括北极斯瓦尔巴群岛和东南极中山站在内的3种不同极区环境中的成功飞行。

"极鹰2"号是北京师范大学最新研发的无人机，它以锂电池为动力，单次作业时间约一小时，噪声小、污染少、作业效率高，飞行高度最高可达1500米，能快速完成大面积遥感拍摄工作。由于长城站周边为海洋，该区域天气变化无常，多数时间阴云密布，遥感卫星已多年未拍摄到长城站的清晰影像。"极鹰2"号在此次飞行中拍摄到清晰的长城站，包括综合楼、油罐、码头、集装箱、车辆等多个事物。与此同时，"极鹰2"号

◎ 2023年2月,无人机航飞获取的南极海豹在冰上聚集场景(杨元德供图)

还完成了对企鹅岛的航拍任务。位于长城站以东的企鹅岛，由于面积较大，高分辨率航拍需要多条航线往返作业才能完整覆盖，而"极鹰2"号在一小时的航程内就实现了全覆盖。

近年来，无人机还成为开展南极多学科监测不可或缺的重要工具。

在中国第39次南极科学考察期间，中国气象科学研究院全球变化与极地研究所、黑龙江测绘地理信息局、武汉大学中国南极测绘研究中心、同济大学、中山大学、国家海洋信息中心等多家单位在南极开展无人机航空调查作业。

在南极科考中，如何更好地探测南极冰裂隙，规划海冰卸货和人员考察路线，也是一个难题。按照传统方式，首先要结合卫星遥感数据和越冬队员反馈的情况开展研判，再由科考队员进行实地踏勘。这样的作业方式工作效率低，风险也很大。无人机的应用，恰好解决了这一难题。

在中国第40次南极科学考察中，我国在南极内陆开展了大面积精细化无人机航测，相比传统的固定翼飞机或直升机，使用无人机进行科考通常更为经济实惠，并且南极地区地形复杂，气候恶劣，无人机可以通过搭载不同传感器的方式，获取到人力无法抵达区域的数据，这减少了科考人员暴露在极端条件下的风险，降低了人员受伤或失踪的可能性。

◎ 天舞流光（刘二小摄）

第 5 章

绚彩极光
星河泼墨绘画卷

提及极地，不少人会想到绚丽多彩的极光。极光不仅属于空间科学观测与研究的重要范畴，还是唯一能够被人类肉眼直接观测到的空间天气现象。

2010年，在极地考察"十五"能力建设项目和国家重大科技基础设施项目"东半球空间环境地基综合监测子午链"（简称"子午工程"）的共同支持下，利用南极中山站和北极黄河站位于地球极隙区纬度并地磁共轭的特殊地理位置，我国建成南北极空间环境共轭观测体系，观测要素涵盖极光、极区电离层和地磁等。

此外，借助南极中山站与北极黄河站构成的国际上为数不多的极区共轭观测台站和相应的数据分析平台，我国科学家在国际舞台上，首次观测到极区等离子体云块的完整演化过程。同时，越冬队员坚持不懈地开展日侧极光高分辨率的长期连续观测研究，不仅首次发现并命名"喉区极光"这一独特极光现象，还揭示了类似地球上台风现象的"太空台风"。

40年来，我国极区高空大气物理研究从无到有发展到今天，已经成为极地研究中颇具特色和优势

◎ 冰山幻彩（夏立民供图）

第 5 章
绚彩极光

的学科，不仅形成了一支观测与研究队伍，还取得一系列科研进展，并形成了国际影响力。

空间天气绘"动画"

2023年12月1日晚，北京的天空上演了一场罕见的自然奇观——极光。#北京极光#迅速登上热搜榜高位。这是北京历史上第二次记录到极光影像，也是有摄影技术以来，北京第一次大范围记录到极光现象。

对于生活在北京的人们来说，极光无疑是一个稀有品种。原因很简单，北京地处中纬度地区，相比起来，极光是南北极的常客。所以，当绚烂的光束在北京上空绽放时，人们无不为之惊叹。

早在100多年前，挪威著名北极探险家弗里乔夫·南森就在日记中生动地描述了北极光的奇幻景象：

> 北极光在天穹下抖动着银光闪闪的面纱：一会儿呈黄色，一会儿呈绿色，一会儿又变成红色，时而舒展，时而收缩，变幻无穷；继而辟开成一条条白银似的多褶的波带，其上闪耀着道道波光，接着又光华全消……

在古代西方传说中，人们认为极光是死去少女的灵魂，是月光照耀鱼鳞的反射光，或者是北极狐皮毛的反光。身处南欧的著名科学家伽利略·伽利雷由于只见到了红色极光，误把极光比作晨曦的光，因此英文中的极光就是神话中"黎明女神"的名字。

极光不仅美丽动人，更蕴含着丰富的科学信息。随着科学时代的来临，人们对极光有了新的认识。

拥有固定磁场的地球像一个巨型的条形磁铁，南北两极的磁力线高度汇聚并包裹在最外层。在太阳风的吹袭之下，南北极的部分磁力线对外开放，与太阳风相连。太阳风带电粒子沿着磁力线进入地球空间后，被分成两部分：一部分直接沉降到极区大气层产生极光，即日侧极光；另一部分沉积到地球磁尾，经过一系列磁层动力学过程后，在磁层边界层产生高

◎ 凤凰戏珠（胡红桥摄）

能带电粒子，这些粒子再沿磁力线沉降到极区大气层，产生更强的极光，即夜侧极光。作为地球上唯一肉眼可见的空间物理现象，绚烂多姿的极光与太阳活动密不可分，被称作空间天气的"动画"。

沿着磁力线，不仅高能带电粒子能沉降到极区电离层产生极光，磁层很多结构和动力学过程也能映射到极区电离层，因此，极区电离层被认为是太阳风－磁层－电离层耦合过程的"天然显示屏"，诸多空间物理现象都能在极区电离层找到踪迹或影响。高空大气物理学是联系天体物理和地球物理的科学。在极区开展高空大气物理观测，厘清极区日地能量耦合过程和空间环境的动力学演化机制，进一步加深对空间天气的认知，对建立空间天气模型、改进无线电远距离通信、确定卫星轨道、国防军事等方面具有重要意义。

由于地域等因素限制，我国在极光系统观测研究方面发展较慢，从事极区高空大气物理学研究的时间远晚于美国、日本、澳大利亚等国。

按照国际极光表的分类方法，极光主要分三类，它们分别是宁静型、活动型和脉冲型极光。脉冲型极光还可以细分为四种：脉动型、火焰型、闪烁型和水流型。其中，脉动极光被研究得最多。

脉动极光之所以引起人们的浓厚兴趣，原因在于通过其所观测到的极光辐射的经时变化，可以研究空间高能粒子沉降的时变特性，也可以了解脉动极光形成所涉及的粒子加速和沉降过程。因此，脉动极光是研究磁层等离子体中的不稳定性和振荡的一种良好工具。它们的周期大多在2—30秒。

脉动极光早期研究靠目测，随着光电技术的发展和高灵敏度的电视照相机的应用，脉动极光的研究更加细化，可以研究许多肉眼看不到的现象。

1983年11月，南极委派曹冲到澳大利亚戴维斯站越冬，从事的就是高空大气物理考察，主要研究脉动极光形态。1984年，他的观测研究取得较为喜人的成果——在国际上第一次观测到脉动极光出现率日变化的双峰现象，一个峰发生在磁中午（地磁场的正午）后不久，另一个峰则发生在接近午夜时分。

曹冲分析认为，午后峰是戴维斯站从极尖区越过极光卵进入极盖区造成的，脉动主要发生在极光卵的赤道向边缘附近。午夜峰则主要与极光亚暴活动有关。

20世纪80年代，中国科学院大气物理研究所的高登义，机械电子工业部第二十二研究所的刘瑞源、奚迪龙、孙宪儒和曹冲等人开展了南极地区的高空大气物理学考察研究，他们在南极长城站和中山站重点进行电离层、哨声和地磁脉动的观测研究，又开始了日地空间物理的观测研究，并抓住太阳22周峰年期特殊时段，观测研究太阳能量突变与日地系统各层次（太阳表层和活动区，行星际空间，磁层、电离层和热层、中层、对流层与地球）间的耦合和相互作用，探讨日地系统对于太阳的电磁和粒子辐射的多种响应过程和整体效应，从而探讨它们对航天和空间活动环境、电波传播和通信、长距离输电和管线运输，全球大气环境变化及生态效应，天气气候的长期变化等的重大影响。

1986年，机械电子工业部第二十二研究所高空大气物理研究组成立，该组的科研方向主要包括：利用长城站和中山站上的各种仪器设备进行高空大气物理现象观测，从而开展极地电离层结构与形态的研究、高纬F层动力学研究、磁层与电离层耦合的研究、高能粒子引起极光与极盖吸收的研究，以及极地电离层不稳定性和不均匀性的研究。

在1990年前，我国南极高空大气物理学研究尚处起步阶段。在谋划建立南极长城站期间，我国科学家多次到外国南极站考察，包括后来曾担任中国极地研究中心主任的杨惠根。

1985年，一部反映南极长城站的纪录片，让当时还是武汉大学空间物理系本科生的杨惠根很受触动——当时他在学校进行的是中低纬度电离层研究，而极地地处高纬，如果能去极地，研究就能覆盖高、中、低纬度电离层。

20世纪90年代初，正值中国极地研究所建所不久，极地科研急需人才。1992年，从武汉大学博士毕业的杨惠根如愿以偿来到上海，成为中国极地研究所引进的第二位博士。目的很明确，就是做极光研究。

日本是全世界极光研究比较先进的国家之一。1992年11月，进所不到4个月的杨惠根就被派到日本南极站学习极光观测和研究，一去就是14个月。

通过一系列有效的国际合作，我国极区高空大气物理研究进入快速发展阶段。

自1994年中国第11次南极科学考察以来，我国科学家通过与日本、澳大利亚等国科研机构合作，在中山站建成了达到国际先进水平的高空大气观测系统。在极地常年考察站中，中山站高空大气综合观测系统已跻身前列。同时，通过组织和参与双边和多边极区空间物理学术研讨会，进一步提升了我国在极区高空大气物理研究方面的国际影响力。

"坐井观天"有新法

说起"坐井观天"，不少人首先想到的是寓言中那只自以为是的井底之蛙，象征着目光狭隘、自以为是。然而，这一成语还有一段关于古代天文学观测的鲜为人知的故事。

传说古代有一位男子热爱天文学，日夜勤于观测风云星象。他在高地上挖掘井洞，并根据井的深浅程度（类似于调整望远镜镜筒的长度），将天空划分为大小不等的区域。井洞的聚焦效果使他能够更清晰地观察到星象的变化。通过长时间在井中观测，他深入了解了星象在四季中的变化规律。

如今，用"坐井观天"来形象描述极光观测倒是更为贴切——全天空成像观测装置犹如现代版的"井"，它对准天空，能将地平线上的壮丽景象尽收眼底，人类得以以前所未有的视角领略极光的奇幻之美。

1990年以来，国家持续加大支持力度，特别是中山站的建设，为开展极区高空大气物理学观测研究提供了得天独厚的基础条件。

中山站地处磁纬75度左右，中午处于极隙区，晚上处于极盖区，每天有两次进出极光带。在中山站可以观测到日地能量传输过程丰富的电离层征兆和极光现象，是地球空间环境观测的理想之地，也是世界上少数可进行午后极光观测的台站之一。

在极地考察十五能力建设项目和空间子午工程项目的支持下，中山站建成了极区空间环境实验室，我国极区空间环境观测进入了一个自主发展的全新阶段。在电离层观测方面，中山站添置了高频雷达、电离层测高仪、电离层闪烁仪；安装了极光光谱仪、多波段CCD极光成像系统，用于极光观测。

在中国第35次南极科学考察中，考察队在中山站完成我国首台极区中高层大气激光雷达安装调试和试运行，首次同时探测到南极中间层顶区大气温度和三维风场，填补了极隙区中高层大气探测的空白。

激光雷达项目负责人、中国极地研究中心研究员黄文涛说，该雷达实现了两项创新：一是可提供三维风场信息；二是可在晴天实现昼夜连续观测。

在中国第36次南极科学考察期间，中山站又安装了由我国自主研制的转动拉曼激光雷达、瑞利／米散射激光雷达和相干多普勒测风激光雷达，从而形成一套适应极区极端环境观测的中低层大气激光雷达探测系统。

这套自主研制的激光雷达系统将观测范围由电离层高度向下延伸到了中高层大气和中低层大气，标志着我国极区高空大气物理观测由依赖国际进口设备走向自主创新阶段。

除了中山站，我国的南极长城站、南极昆仑站和北极黄河站在开展日地空间环境观测研究方面都有着独特的地理位置，非常适合开展极区高空大气物理学的观测研究。

长城站位于亚极光带和威德尔海电离层异常区及南大西洋地磁异常区，是地球空间环境的特殊区域，也是我国在西半球的唯一空间环境监测站。在日地空间环境研究方面，长城站主要开展了电离层观测和地磁观测。

昆仑站是设在冰穹 A 的内陆考察站，它亦处于极隙区纬度，昆仑站的观测将在时间和空间上扩展对地球极隙区高空大气的观测范围。

在南北极地区，极光常常发生在磁纬 75 度左右的一个环状区域，科

◎ 高频雷达天线阵（张翼摄）

◎ 极光下的高空大气物理观测栋（胡红桥摄）

第 5 章
绚彩极光

学家们将这个极光环称为极光卵。极光卵又分为朝向太阳（日侧）和背向太阳（夜侧）两个部分。日侧极光是太阳抛射出来的带电粒子（太阳风）与地球磁场直接作用的结果，可用来研究太阳风与磁层之间物质与能量的交换过程。而这正是空间物理研究的一个关键问题。

但在地球上，想目睹日侧极光的芳容并不容易。因为一旦有太阳光，日侧极光就隐身。加之地球自转轴与地磁轴存在角度差，北极地区陆地稀少，这些因素都增加了观测难度。

在北半球，挪威北部的斯瓦尔巴群岛及其周边地区的极夜期间，是观测日侧极光的"窗口期"。我国北极黄河站位于斯瓦尔巴群岛的新奥尔松村，处于地球极隙区之下，可以观测到非常典型的日侧极光。而且南极中山站和北极黄河站磁纬都在75度左右，基本处于地球同一根磁力线的南北两端，二者构成地磁共轭，是观测极光等日地物理现象和高纬共轭现象的理想之地。利用南极中山站和北极黄河站地磁共轭的特点，我国建成了国际上首个位于极隙区纬度的共轭观测系统。

黄河站将日地相互作用作为主要研究内容，找到了自己的"中国特色"。2003年11月，在黄河站的建站阶段，我国科研人员就安装了三波段极光全天空CCD成像系统，并开始对极光三个谱线（427.8纳米、557.7纳米和630.0纳米）的强度和沉降电子能量的二维空间分布进行了连续、同步的观测（采样周期小于5秒）。2004年8月，在黄河站宣布正式建成不久，日本名古屋大学将该校1991年在新奥尔松建设的成像式宇宙噪声接收机移交给中国极地研究中心，该设备可全天候监测高能粒子沉降。2008年10月，中国极地研究中心对该设备进行了升级改造，实现了实时监测。为监测极区电离层不均匀体及其引起的信号闪烁，自2006年起，黄河站安装了电离层闪烁监测仪，2007年又升级为可以监测不均匀体漂移的电离层闪烁三角监测网。黄河站附近分布着国际上最先进的日地空间环境观测系统，包括欧洲非相干散射雷达（EISCAT）、国际超级双子极光雷达（SuperDARN）、国际SPEAR电离层加热装置和挪威科学探测火箭发射试验场等。

在每年北极黄河站极夜期间,我国越冬队员坚持开展日侧极光高分辨率的长期连续观测,积累了大量的第一手观测数据。2017年,在北极黄河站长达十多年观测研究的基础上,中国极地研究中心韩德胜研究员等中国极地科

◎ 黄河站屋顶的极光观测仪器(夏立民供图)

学家首次发现并命名喉区极光(因为这种特殊的极光结构,只发生在电离层对流喉区附近),相关研究成果先后两次在《美国地球物理学报》上作为封面文章发表。

经进一步研究,科研人员发现:按天算,喉区极光的发生率超过50%,这说明喉区极光是一种常发现象,其产生与磁层内部、外部过程以及磁重联同时存在相关性。通过对地面极光的监测,有望实现对相关空间效应的量化理解,将这些效应参数化并输入空间天气预报模型,就可以提高空间天气预测的预报能力。

近年来,我国科学家在中山站建立了国际先进的极区高空大气物理观测系统,并与北极黄河站构成了国际上为数不多的极区共轭观测台站和相应的数据分析平台。以极区观测为基础,我国又在极光、极区电离层、空间等离子体波等方面取得了一系列研究成果。

例如,2013年,张清和(曾任中国极地研究中心极地大气与空间物理学研究室副主任)就在《科学》杂志上发表了关于等离子体云块方面的研究成果,并成了《科学》当期亮点科学论文。这也是国内空间物理界的第三篇《科学》论文。

该研究首次直接观测到了一次强磁暴袭扰地球期间,极区电离层"等离子体云块"的完整演化过程,并揭示了"磁重联"在云块形成和演化过

程中的重要调制作用，进而首次完整观测证实了太阳风 – 磁层能量耦合的理论基石——Dungey 循环理论，为近 60 年日地能量耦合研究方面悬而未决的科学难题画上了句号。该研究被认为是中国极地研究中心在多年极区电离层研究基础上取得的重大突破。

尺度从几百千米到几千千米不等的"等离子体云块"常常引起极端空间天气环境，直接影响近地飞行器（飞机、宇宙飞船等）和低轨卫星等的正常运行及其与地面通信，甚至威胁航天员的生命安全。研究极区电离层"等离子体云块"如何形成和演化，是国际空间天气领域中最重要的课题之一。

然而，由于极区的恶劣自然环境和观测数据的缺乏，这些"等离子体云块"如何形成和演化，尤其是在恶劣空间天气环境下如何形成和演化，一直是困扰国际空间天气和通信导航等领域科学家的一大难题。

张清和领衔的国际合作团队，对多年且多种观测手段所收集的观测数据进行分析，并从中挑选出 200 多个灾害性空间天气事件进行深入研究，同时开展相应的计算机模拟实验。这一团队在 2011 年 9 月 26 日一次强磁暴袭扰地球期间，首次直接观测到极区电离层"等离子体云块"的完整演化过程。经过进一步的理论研究，首次发现日侧和夜侧的"磁重联"现象在等离子体云块形成和演化过程中扮演着重要的"开关"角色。这一成果更新了人们对太阳风 – 磁层能量耦合与"等离子体云块"的形成和演化的认识，为极区电离层建模和空间天气预报提供重要物理依据。

值得一提的是，2020 年上半年，在日常分析和处理海量观测数据的工作中，张清和注意到了发生在 2014 年 8 月 20 日北极磁极点附近的一个异常现象，即出现了一个类似于台风气旋状、水平尺度超过 1000 千米的极光亮斑。

通常情况下，极光主要发生在纬度较低的极光椭圆内，磁极点附近的极盖区不会有明显的极光出现。更引人注目的是，这个亮斑的亮度远远超过了以往人们对于极光的认知。这引起张清和的高度关注。他敏锐地意识到，这或许会带来一次重大发现。

为了深入探究这一异常现象，张清和及其团队广泛收集、分析月球轨道的卫星数据、电离层卫星数据，以及地面多部雷达数据，经过仔细分析，他们惊喜地发现，当卫星穿越亮斑结构时，会形成一个类似涡旋的对流。随着研究的不断深入，更多类似台风的特征逐渐显现：中间速度为零的"台风眼"、圆形的磁场扰动、降强电子"雨"、电子温度上升，以及离子上行……

这一现象难以用以往的理论加以解释，因为它发生在长时间极端平静的地磁活动条件下。以往学界普遍认为，在该条件下，太阳风与地球磁层的能量耦合非常弱，故而很少在这些区域布设相关地磁活动监测设备。张清和及其团队将这一现象命名为太空台风，即指发生在地球极区电离层与磁层类似台风或飓风的现象。

利用中国科学院国家空间科学中心王赤院士团队的高分辨率三维磁流体力学数值模拟技术，张清和团队重现了太空台风这一现象及其三维形态，揭示了其形成机制。研究发现，在长时间极端平静的地磁条件下，发生在地球高纬度的磁层与太阳风相互作用并演化，在北极磁极点上方的电离层与磁层之间形成了一个巨大的、顺时针旋转的漏斗形磁螺旋结构。该结构充当了太阳风带电粒子进入地球中高层大气及地球带电粒子逃逸至磁层的通道，极大地提升了太阳风－磁层能量的耦合效率。

研究还发现，即使在极端平静的地磁条件下，极区仍可能发生堪比超级磁暴的剧烈地磁扰动和能量注入，这揭示了地球空间能量传输的一种新途径，更新了人们对太阳风－磁层－电离层耦合过程的认知。同时，太空台风所造成的极端空间天气环境，会直接影响相关区域的卫星通信导航与超视距雷达探测，也能影响相关区域卫星和火箭的正常运行及空间碎片的轨道稳定等，故而其研究也具有重要的应用价值。太空台风的发现，掀开了这片观测"盲区"的一角。

极光研究对观测的依赖性很强，随着我国南极长城站、中山站、昆仑站、泰山站、秦岭站，以及北极黄河站、中－冰北极考察站的建立，我国拥有了理想的极区高空大气物理学研究观测基地。截至目前，我国已经在这些基地安装了十多套极光观测设备，积累了极区空间环境多要素的连续观测资料，实现了对南北极空间环境的连续监测。

目前，南极秦岭站的极光观测系统正在筹建中，中国极地研究中心也正在推动极地观测业务化工作，积极推进数据质量控制和处理，组织编制极区高空大气的监测规范和数据规范，通过极地数据库和数据中心实现数据共享。

"黑白颠倒"有担当

从事极光研究的人，他们的生活节奏往往与常人不同，他们追求的是"越黑越好，黑白颠倒"，因为观测极光的最佳时机恰好在冬季的极夜期间，而这又是一项既艰辛又充满挑战的任务。

胡泽骏，中国第40次南极科学考察队中山站站长，他的工作经历就是一部极地科考的奋斗史。他曾8次赴中国北极黄河站执行科学考察任务，是黄河站首批越冬队员；也曾参加中国第30次南极科学考察，担任南极中山站副站长，执行越冬科考任务；负责北极黄河站和中－冰北极考察站极光观测系统的建设任务，参与了多个极地科研项目；常年在南极中山站、北极黄河站以及中－冰北极考察站之间往返，负责极光综合观测系统运行维护。

极地环境恶劣，大风、低温、冰雪，恶劣天气考验着观测设备的性能，要保证365天如一日正常运行并非易事。在中山站越冬期间，胡泽骏主要负责的是电离层无线电探测和地球磁场监测，即使大雪封门，也要上山去检查设备，提取数据。雪厚的时候达1米多，顶着八九级风，200米的山路来回需要连爬带走1个多小时。

为了在中－冰北极考察站的观测栋建好前开始极光观测，胡泽骏提出将极光观测设备直接安装在光学罩下的"烟囱"内。这样不仅可以将该站的极光观测提早一年，观测环境也更稳定。为了实现这个方案，他在仅1立方米的空间内连续工作一周，安装完成了3台极光成像仪。"烟囱"

◎ 路在脚下（娄权力摄）

第 5 章
绚彩极光

内空间实在太小，中间还摆放着设备平台，他只能缩成一团操作。他自嘲地说："在'太空舱'工作确实不容易。"

同样，在北极黄河站，李斌作为越冬"守夜人"，他的日常工作与生活也充满挑战。晚上6点过后，是他一天中最忙碌的时候，他需要操控分别设于新奥尔松、斯瓦尔巴群岛首府朗伊尔城和冰岛凯尔赫的三套极光观测设备，直至深夜。这些观测设备的数据会被上传到中国南北极数据中心的网站上，供全世界极光研究者、爱好者浏览和下载。

如果当天有强烈的极光爆发，李斌还会拿起相机，在数十厘米厚的积雪中安上三脚架拍摄极光。如果当天下起大雪，他还要冒着零下二三十摄氏度的严寒，徒步数百米，检查黄河站的天线和极光观测设备，确保无虞。这种不畏艰难、勇于担当的精神是极地科考者共同的品质。

极地考察不仅是一项科学任务，更是一次对生命的考验。尽管现今科技水平和保障能力已经大幅提高，但极地科考仍伴随着巨大的风险。

在新奥尔松所在的斯瓦尔巴群岛，几乎每年都有北极熊伤人的事件发生，也有一些人为了自卫，不得不开枪射杀突然遭遇的北极熊。因此，新奥尔松小镇上所有建筑都不上锁，以供遭遇危险的人进屋躲避。所有的房门都向外开，因为北极熊只会推门，不会拉门。

黄河站夏季站长、中国极地研究中心副研究员何昉曾经亲历了这样一件事：一天早晨，科考队员们乘船去冰川做实验，而他在站内留守。这时，来自德-法联合站的一位队员急匆匆跑来告诉他，冰川附近的一观测小屋旁发现了一头正在撕咬驯鹿尸体的北极熊，很可能对科考队员造成威胁。由于当地没有手机信号，他立即用对讲机紧急通知考察队员们尽快回到站里，幸好提醒及时，队员们成功避免了与北极熊"狭路相逢"。

长期生活在极夜环境下，人的心理和生理上都面临巨大挑战。对此，何昉深有体会，他说："尤其是在北极黄河站越冬时，站里往往只有一个人，要在没有白昼的情况下待好几个月，需要很好地调整自己的心态，并时刻校准自己的生物钟，才能适应这种不分昼夜、与世隔绝的环境。"

中国极地研究中心极区空间物理与天文研究所副所长刘建军研究员，

曾经是中国第27次南极科学考察队中山站越冬队队员,他还有一个特别的身份——"南极爸爸"(指在南极"升级"成爸爸的人)。

出征南极时,刘建军的妻子已怀孕,等他完成任务回到国内,孩子都快1岁了。面对女儿的出生,身处远方的他既无助又焦虑。女儿出生的第二天,他才释放了心中的压力。中山站越冬队特意加菜庆祝,刘建军更是在大厨的帮助下,按照家乡风俗制作了象征喜庆的"喜蛋",与队友们分享自己初为人父的喜悦。

截至2025年3月,胡红桥参加了中山站3次越冬和1次度夏任务,参与和见证了中山站空间环境观测系统建设的三个跨越式发展阶段。在他看来,把南极工作当成事业的追求和难得的人生经历,会另有一番天地。除难免的思念、孤独之外,留下的多半是快乐越冬、和谐越冬、收获越冬。

在极地科考队员的心中,南极不是地图上的一片冰原,它是梦想启航的地方,是科学探索的前沿,更是心灵得以净化的圣地。极光下的每一次观测,不仅是对自然现象的记录,更是对宇宙奥秘的不懈追求。

◎ 冰山一角（夏立民供图）

第 6 章

冰川密语
冰层刻写时光信

我国是世界上屈指可数的冰川大国，但冰川的科研价值却长期被大众忽视。20世纪50年代，当西方国家已经对第四纪冰川活动展开深入研究时，我国的现代冰川研究还是一片空白。

最初，中国的冰川学者仅仅瞄准国内，特别是中国西部地区的冰川。通过参加国外南极考察队越冬任务等"走出去"项目，我国科学家不仅积累了极地冰川学领域的基础知识，还为国内人才培养开辟了宝贵的国际合作渠道。历经数十年的不懈努力，中国的冰川学研究现已发展成集航空、地面和地质钻探观测于一体、横跨大气－海洋－冰冻圈的系统性科学，研究范围也从国内拓展至极地，研究方法更是从以路线观察为主转变为定量、半定量化的实验冰川学研究。

目前，我国在极地多圈层观测和模拟方面已取得丰硕的成果，建成极地超低温气象监测体系和极地大陆冰盖－海冰－海洋数值模拟动力框架，在揭示极地系统对全球气候变化的响应方面已有长足的进步。尽管我国已跻身极地考察大国之列，但与极地科研强国相比，尚有较大的距离，数据和样品获

◎ 长城湾晨光（柴建胜摄）

第 6 章
冰川密语

取能力、关键过程探测能力、研究深入程度还远远不够。随着人类科学研究探索从经验科学、理论科学向计算科学、大数据科学和人工智能时代迈进，极地研究的内容和范式也必然在未来发生革命性的变化。

从面向国内到走向极地

自从极地先驱们踏上南极冰盖起，南极冰川学就进入了人类的视野。

这并不稀奇。南极冰盖占全球现代冰川面积的90%，冰盖平均厚度为2400米，最大厚度达4776米，地球上四分之三以上的淡水都贮存在这个巨大的固体水库内。

自国际地球物理年（1957—1958年）以来，一系列国际协作聚焦大规模冰川调查，推动了南极冰川学的飞速发展。我国南极科学研究事业起步较晚，没有参与此次国际地球物理年活动，这影响了我国极地冰川学研究进程。当时，一些西方国家已经对第四纪冰川活动开展较深入研究的时候，我国现代冰川的研究还是一片空白。

1960年，谢自楚毕业于莫斯科大学地理系。他曾担心选择极地冰川专业回国后无用武之地，正在犹豫时，适逢中国科学院副院长竺可桢教授来访。竺可桢勉励他："中国应该有人学极地专业。中国是个大国，应该有研究全球极地的气魄。现在可以先学冰川，将来中国总会到两极去考察的。"谢自楚因此成为我国第一位"极地冰川学"留学生。

同样，1957年，施雅风（1980年当选中国科学院学部委员、地学部副主任，享有"中国现代冰川之父"美誉）从河西走廊翻越祁连山到柴达木盆地，途中攀登了肃北蒙古族自治县党河南山的一个小冰川（马厂雪山）。

这个冰川就像一颗明珠闪耀在高山上，为周围的荒漠平原提供珍贵的灌溉水源。这一幕深深地吸引了施雅风：如果冰川水源能够被利用起来，那么西北就不再是寸草不生的戈壁和干旱的荒漠了。

这次考察结束回到北京后，施雅风向竺可桢副院长和当时中国科学院党组分管生物学地学的裴丽生同志汇报了现代冰川研究的重要性，建议在次年的甘肃青海综合考察队中，设立冰川分队，用 3 年左右时间，开展祁连山冰川考察。这个建议很快得到两位领导的赞同，并责成施雅风筹建冰川考察队。1958 年夏季，在当地政府的支持下，该队扩建为中国科学院高山冰雪利用研究队。

1958 年 6 月，施雅风带队，率领 7 个小队共 100 余人，赶着牦牛和骆驼，穿着笨重的老式棉袄，向祁连山进发。对于冰川，这支队伍中的大多数人既熟悉又陌生。中国是冰川大国，然而绝大多数冰川都分布在高海拔地区，大家对其样貌不甚了解，对其蕴含的科研价值更感陌生。因此，摸清我国冰川基本状况，无论对中国还是对世界，都有着重要意义。

1958 年 7 月 1 日，他们发现了第一条冰川，并将其命名为"七一冰川"。据当时考察队里的苏联专家道尔古辛估算，这条冰川的厚度约 100 米，含水量约达 2 个十三陵水库。"七一冰川"的发现标志着我国现代冰川科学研究的开始。

1959 年年初，《祁连山现代冰川考察报告》出版，这部 43.6 万字的考察报告，是中国冰川学第一部区域性专著，也是中国冰川学的一个里程碑。

1960 年，严重的自然灾害席卷全国，刚刚起步的冰川研究事业受到巨大冲击，施雅风成为正在筹建的兰州冰川冻土研究所唯一的高级研究人员。在强烈的责任心驱使下，施雅风毅然举家从北京迁往兰州。

拥有北京户口，工资又高，妻儿老小也在北京，为何选择了在条件艰苦的兰州留守？说起这事，施雅风重复说了三个字："责任心！"

1961 年，鉴于西北干旱区主要问题是缺水，水资源的寻找、水分循环和平衡研究、有限水资源的合理利用是西北建设中的头等大事，竺可桢曾在一次谈话中明确告诉施雅风："冰川冻土研究机构设在兰州，就必须坚持和发展干旱区水文研究。"

经过多年筹备，1965 年，我国第一个冰川研究单位——冰川冻土沙漠所在兰州成立（1978 年该所分设冰川冻土所与沙漠所；1999 年 6 月，同兰州沙漠研究所和兰州高原大气物理研究所整合成立中国科学院寒区旱区环境与工程研究所,简称"寒旱所";2016 年 6 月 24 日,中国科学院西北生态环境资源研究院成立,该院整合了寒区旱区环境与工程研究所等单位)。经国家科委批准,冰川、冻土、沙漠和干旱区水文研究并列为冰川冻土沙漠所的四大任务。

1958 年,中国科学院成立专门研究冰川的机构,最初仅研究国内的冰川,特别是中国西部的冰川。改变发生在 1981 年。

1981 年 11 月,呼吁了 20 多年,谢自楚终于以冰川学家的身份,参加了澳大利亚南极考察队的越冬任务。他曾在日记中写道:"如果我在南极遇到不幸,请求不要把我的尸体运回国内,我愿意让南极的冰把我封冻起来,让祖国未来的考察者能有一天突然发现我,让他们为我的献身而骄傲。"字里行间满是炽烈如火的热情与执着。

以 1985 年 2 月我国建成南极长城站为界线,除了谢自楚,我国还有 3 名冰川工作者参加了澳大利亚的南极考察队:钱嵩林参加了凯西站 1983 年越冬、秦大河(2003 年当选为中国科学院院士)参加了凯西站 1984 年越冬、韩建康参加了凯西站 1985 年越冬。早期的国际合作研究不仅为我国极地冰川学科发展奠定了基础,也为我国极地冰川学研究培养了人才。

有了自己的考察站后,我国首先围绕站区,开展了独立的冰川学研究。

1985 年,中国第 2 次南极科学考察队首次派出冰川方面的研究人员。作为该队冰川负责人,原中国科学院兰州冰川冻土研究所助理研究员任贾文前往南极长城站,开始南极冰川学研究。1987 年秋,秦大河奔赴南极,对位于中国长城站附近的纳尔逊冰帽的冰川动力学、热学、物质平衡与成冰作用等进行了考察研究。

1989 年,位于东南极的中山站建成后,我国南极冰川学研究重点发生转移。1996 年以来,任贾文作为我国东南极内陆冰盖考察课题执行负责人,承担了科技部、中国科学院、国家自然科学基金委等多项研究项目。任贾文回忆道:"20 世纪 60—70 年代,中国冰川学的研究方向是冰川物理学,即冰川的物理性质及其过程的研究,主要是冰川内部特性的变化及外部能量的交换。但光做冰川物理研究,不能直接地和人类的生活、活动

第 6 章
冰川密语

◎ 南极冰川（夏立民供图）

情况联系起来。20世纪80年代后期至90年代，中国科学院将冰川研究方向主要集中在冰芯与科技环境方面，这样可以将冰川与气候联系起来。"这与南极冰川学的研究主题不谋而合。

由于南极被巨大的冰雪覆盖，强烈的雪冰反射率使南极常年处于负辐射平衡状态，因而造就了地球上最大的"冷源"，使南极地区成为地球气候变化的"启动区"和"放大器"。从这个角度说，南极冰川研究已突破了传统冰川学的学科界限，呈现出冰川学、气候学、大气化学、海洋学、物理学、第四纪环境变化等多学科交叉与渗透的发展趋势。

从20世纪竺可桢、施雅风等老一辈科学家的冰川冻土启蒙教育、研究和探索起步，如今我国已经发展出一门交叉学科——冰冻圈科学。2007年，中国科学院冰冻圈科学国家重点实验室创建，推动自然科学和人文社科深度交叉，服务经济社会可持续发展，学科发展迈出了一大步。

冰冻圈科学一直是全球变化科学研究计划的重要内容。2015年，世界气象组织（WMO）将"极地与高山观测、研究和服务"列为其七大优先事项之一，并将冰冻圈写入世界气象组织2024—2027年的战略规划，加快开发综合系统和服务，以应对与冰冻圈不可逆转的变化相关的风险、水资源变化和海平面上升的负面影响等。

面对冰冻圈退缩的事实和可持续发展的迫切需求，如何在地球系统科学框架下发展冰冻圈科学，如何使冰冻圈服务于经济社会绿色低碳转型，如何将自然生态与经济发展、人类福祉有机融合在一起等，将成为科学工作者面对的重大问题。

一个样品都不能少

施雅风生前曾说："冰川事业是一项豪迈的事业，也是勇敢者的事业！"

冰川多地处极寒之地，在很长一段时间里，冰川研究也相对冷门。包括施雅风、谢自楚在内的老一辈冰川学家，把培养冰川后继人才当作自己的神圣职责，培养了大批冰川学研究人才，他们都成为中国冰川学与极地研究的第二代及第三代学术骨干，其中，最为著名的学生就是冰川学家、气候学家秦大河院士。

秦大河的父亲秦和生是西北畜牧兽医学院教授，多年辗转于云南、贵州、四川、陕西、甘肃、宁夏和北京等地，从事教学和科研。因为出生在黄河之畔，所以取名秦大河。

早在小学六年级时，秦大河就在作文中写过这样一段话："我要让我的脚印，印遍地球上的任何角落。"

1970年，秦大河大学毕业，这一年他23岁。在"文革"风暴的裹挟之下，秦大河带着童年时就深藏于心的"长大了要当探险家"的理想，来到了离兰州124千米的和政县当了8年的中学教师。

业余时间没有什么书看，他便把大学毕业时从废纸堆里捡来的《地貌学》等专业书籍翻了一遍又一遍。他心底总觉得，还有一个更加广阔的世界在等待着自己。

备考研究生期间，秦大河读到了更多关于冰川冻土研究领域的著作。其中就包括施雅风和谢自楚合著的那篇中国现代冰川学的奠基作品——《中国现代冰川基本特征》。读完之后，他对这一领域有了更多认识，对这一学科产生了更大的兴趣。他决定要去兰州拜见两位前辈。

1978年暑假，秦大河几经周折，最终敲开了谢自楚的家门。当时谢自楚一家挤在十来平方米的房子里，房间里挤着床、柜、桌子，还有一辆车胎已被扒开的自行车，倒着放在屋中央，几无立足之地。

秦大河恭恭敬敬自报家门。谢自楚望着眼前这个青年，大吃一惊，这年头，竟还有人对他那被批得"体无完肤"的论文感兴趣！

听说秦大河有意从事冰川研究，谢自楚决定试试年轻人的才气。他随手从自己的书架上抽出一本有关南极的俄文原版书，翻开一页让秦大河看，秦大河很快准确地译出了原意。

这次毛遂自荐成了秦大河生活道路上的转折点。

谢自楚常给秦大河寄些冰川资料，以提高他的专业水平。后来，秦大河的同班同学张文敬调进了冰川所，他就代替谢自楚，给秦大河寄资料，并极力为将秦大河调进冰川所四处奔波。

但要将一个普通业务人员从县里调进地处省府的科研院所,并非易事。

谢自楚蹬着那辆超期服役的破自行车,奔波于甘肃省有关部门,历时几年,终于把秦大河从和政县调进了冰川冻土研究所。

在调进冰川所的同时,秦大河也被兰州大学录取,成为"文革"后首批研究生中的一员。随后数年的野外考察,秦大河的脚步遍布了祖国的现代冰川发育区,对中国的冰川已了然于胸。于是,他将注意力转向更遥远的地方——南极洲。

对一个执着追求的科学家来说,机遇和付出总是对等的。1983年夏末,受南极委派遣,秦大河来到了澳大利亚,以访问科学家的身份,参加了1983—1985年度澳大利亚南极科学考察队在南极凯西站的越冬考察。1984年的南极洲冬季,他和澳大利亚考察队车队深入南极大陆腹地,开展东南极冰盖内陆考察,成为当时陆路深入南极冰盖最远的中国人。在凯西站,他选择了当时国际前沿的研究课题,对自凯西站向南延伸1000千米断面上的浅层排钻冰芯进行了从粒雪密度、微观结构、冰晶组构、剖面地层特征到雪内稳定同位素比率等方面的深入研究,在国际上首次提出了表层10米内粒雪晶粒生长速率、雪的压缩黏滞性系数与外界温度之间的定量关系。

在广袤的南极冰盖,在漫漫南极冬夜的实验室,秦大河第一次领略了南极冰盖的神奇和实验室工作的重要性,也为日后发展冰冻圈科学和建立实验室打下了基础。

1987年秋,在长城站越冬工作期间,当获悉我国政府将派遣一名科学家参加人类历史上首次不借助机械手段徒步穿越南极大陆的壮举时,秦大河连夜给祖国发了一份电传,报名申请参加。

获得国家批准后,秦大河着手准备工作,其中包括检查身体和训练。在体检中,医生告诉他,他有10颗牙齿存在小毛病,一旦途中牙齿发炎,必然影响进食,影响行程。为了此次南极之行,秦大河一次性拔掉了10颗牙齿。从那时开始,他只能靠假牙吃饭了。

由于种种原因，秦大河错过了出征前的强化集训，出发时还不会滑雪，只能跟在队伍后面跑步前进，这比在陆地上跑步不知要难多少倍。数不清摔了多少个跟头后，他终于能全天滑雪了。

踩着滑雪板，秦大河走了220个昼夜，行进5896千米。秦大河曾这样描写那时的情形："那暴风雪肆虐的莽莽南荒，弯腰呻吟的帐篷，顶风蹒跚前进的考察队员和拉橇的狗队……"

低温、暴风雪、食物短缺、行进艰难，在徒步探险的同时，他还肩负着重要的采样任务。

南极内陆冰盖上的积雪极具科学研究价值。由于气温低、积雪不融化，每年的积雪会形成一层沉积物，盖在前一年的雪层上面，日积月累，年复一年，积雪形成了厚厚的冰层。底部最老，顶部最新；夏季的雪比较疏松，颗粒粗，冬季的雪则相反。因此，表层挖出的雪坑和深层钻出的冰岩芯，都显示出冰雪层的层理结构，分冬夏两季交互沉积，每一层代表一年，像树木的年轮一样。

分析这些"年轮"，是揭示冰盖的物质平衡状况和运动特征、冰盖动力学机制及其对冰盖物质搬运的影响、南极冰盖从边缘到内陆最高点的气

◎ 考察队员和拉橇的狗队（秦大河供图）

候环境变化规律、研究区域气候特征、明确研究区域冰芯各参数指标的气候环境指代意义等工作的基础，也是找寻地球气候变化的"蛛丝马迹"的"密码"。

每到宿营地，按照"国际分工"，秦大河要参与喂狗、支帐篷、烧水做饭，忙完之后，才能提起铁锹去外面采集雪样——每隔55千米，就地挖掘一个1米深的雪坑，采样并观察记录雪层剖面。在近6000千米的风雪途中，他共采集到800多个珍贵的雪样，特别是采集到了南极洲"不可接近地区"内的珍贵雪冰样品。他也是世界上唯一全部拥有南极地表1米以下冰雪标本的科学家。

为加快进程避开南极的冬季，通过气温最低的"寒极"地带，考察队决定轻装前进，扔掉一切不必要的物品。凡近期不用的，秦大河一律扔掉，除了样品和样品瓶。他将所有随身携带的空样品瓶，包好后装入睡袋内当枕头。

事后，谈及220个艰苦的日夜里的精神动力，秦大河说，自己一直在提醒自己，徒步穿越南极是千载难逢的机会，机不可失，时不再来，决不能有一刻偷懒，否则就会失去很多珍贵资料。每天他都紧绷脑中的这根弦，因为哪怕弦只松一次，就会像多米诺骨牌一样，全方位溃败。

科考任务完成后，秦大河将雪样装在事先净化好的塑料盒内，确保其始终处于冰冻状态，最后打包成1.5米见方的盒子。这个盒子先由飞机运送到法国实验室，再完好地送回中国北京，最终送达兰州冰川冻土研究所。

回国后，秦大河最着急的事就是分析研究从南极带回来的800多个雪样。然而，雪样分析进行得并不顺利。20世纪90年代初，国内没有相应的实验室和分析仪器能对这些雪样进行分析测试，所以对这些样品的实验室分析，只能在法国科学研究中心冰川实验室完成。当时，秦大河就萌生了一个念头——要为中国建立一个冰芯实验室。

可当时国家并不富裕，科研经费也很少，建一个实验室至少需要上千万元，这对秦大河和他的研究团队来说无疑是个天文数字。

◎ 1989年7月28日至1990年3月3日,由法国、美国、苏联、英国、日本和中国6名队员组成的国际科学考察队穿越南极大陆(中国极地研究中心供图)

一次,秦大河见到时任中国科学院院长周光召。周光召关心地问起秦大河有没有什么困难。秦大河想了想,提出能不能帮助把实验室建起来,想先要一台仪器。冰芯研究室因此有了第一台仪器——价值165万元的MAT251型气体稳定同位素比值质谱仪。

有了仪器,还需要安放仪器的地方。建设实验室大楼也是困难重重,秦大河为此四处筹钱,凑够了首期工程款就立即开工,终于将为国家建冰芯实验室的梦想一步步实现了。

最初,冰芯实验室只是中国科学院院级实验室。2007年,科技部组织国家重点实验室建设计划可行性论证会,该实验室成为"冰冻圈科学国家重点实验室",这也是国际上第一个以冰冻圈科学命名的研究机构。秦大河将单要素的冰川研究拓展为综合的圈层研究。

值得一提的是,秦大河和任贾文合作的研究成果还获得一项国家自然科学奖三等奖、一项中国科学院自然科学奖一等奖和两项三等奖。如今，秦大河当时采用的雪冰采样方法还在被沿用。

很多人曾问秦大河为什么去南极？秦大河的回答是，因为南极是科学家的圣地，是科学的殿堂。

2013年，秦大河获得了沃尔沃环境奖。它是实践环境科学领域的最高奖励，被誉为环境与可持续发展领域的"诺贝尔奖"，是最具世界影响力的环境科学年度奖项。这是该奖成立几十年来，首次在领奖台上出现中国人的身影！

秦大河曾寄语青年同行：地理学研究本身就是一项全球性的工作，不仅仅是一条小河流、一个小山包，应该在更高的视角下，追寻世界范围内最前沿的领域、最尖端的技术和最高的研究水平。

追寻百万年深冰芯

在1989年人类历史上首次不借助机械手段徒步穿越南极大陆的壮举之后，1991年，南极研究科学委员会科学大会在德国不来梅召开。与之前"探险＋科考"的行动不同，美国科学家保尔·马耶夫斯基提出了一个横穿南极的国际ITASE计划。该计划把南极冰盖分成17条线路，每条线路由一个考察队去考察。

当时代表中国出席这个会议的是秦大河和中国科学院青藏高原研究所副所长刘小汉。当计划的路线被各国"瓜分"得所剩无几时，两人据理力争，争取到了"中山站－冰穹A"的考察路线，让中国人拥有了登上南极冰盖最高点的机会。

为到达人类从未到过的冰穹A，1995—2005年，中国南极内陆冰盖考察队共进行了5次尝试。

第一次是由钱嵩林驾驶雪地车在中山站南部冰盖向南行进50千米。此后，经过几年的准备，我国开启了正式的南极内陆冰盖考察。首次队由秦为稼任队长，带领8名队员沿澳大利亚南极兰伯特冰川考察断面向南前进了 300 千米。此后，李院生带领的第 2 次和第 3 次内陆冰盖考察队，向南分别挺进了 464 千米和 1128 千米，建立我国在东南极第一条冰川学综合考察断面，完成了国际 ITASE 计划中国承担的中山站 - 冰穹 A 断面的大部分观测任务，并在 1128 千米折返点建立了"冰穹 A 前进基地"，用空油桶竖立了标志塔，留下一面五星红旗，也为我国后来登顶南极冰盖最高点，建立完整的埃默里冰架、兰伯特冰川、冰穹 A 多学科综合考察大断面奠定了坚实的基础。2001 年，夏立民带领第 4 次冰盖队进行了一次 170 千米的短途考察，安装了一台冰川自动气象站，采集了沿途雪冰样品，钻取了超过百米的浅层冰芯。

2005 年 1 月 4 日，内陆考察队队员尝试第 5 次冲锋冰穹 A。那天天气晴好，太阳高照，风力只有 1—2 级，但气温低至零下 31.4 摄氏度。这是典型的"冰穹 A 天气"——风小、气温低、气压低。10 时 05 分出发，内陆考察队队员中午没有休息，也没有停车用餐，而是一边行进一边吃饭，一直行进到 21 时 43 分，行进了 80 千米，到达第 3 次内陆考察队的折返点。看着 1999 年留下的那面五星红旗，10 年间第 3 次担任内陆考察队队长的

◎ 内陆考察队队员的脸（李鹏供图）

李院生无比激动，和 5 名第 3 次内陆考察队队员向国旗致敬，又面向祖国的方向，向祖国致敬。

几天后，2005 年 1 月 9 日 23 点 30 分，位于上海的中国极地研究中心接到中山站传来的喜讯：李院生率领的内陆考察队成功到达冰穹 A 核心区域，经过 2 天的"全站仪"法最高点搜寻，他们在最接近最高点的位置建立了大本营。1 月 18 日，在经过一个多星期的高精度 GPS 测量后，科考队确认找到南极冰盖最高点。这也是中国南极科考队首次代表全人类成功登顶冰穹 A！

冰穹 A 距离南极各个海岸的距离都很远且大致相等，来自各个方向的水汽都有可能到达冰穹 A，因此该地区的冰芯是周边所有海洋水汽共同作用产生的结果，在这里能够观测到在地球其他地区无法观测到的代表全球特征的气候环境变化信息。通过研究万年冰芯内的颗粒物质，科学家们可还原当年冰芯形成时的气候条件。最重要的是，目前人类在南极地区获得的世界最古老的气候记录是 80 万年，冰穹 A 累积的冰雪估计达 100 万—150 万年。正因如此，获取冰穹 A 的深冰芯对研究全球气候变化有特殊意义。

其实，此前我国科研人员已通过在南极钻取冰芯来寻找地球早期气候记录。在第 13 次南极科学考察中，任贾文在中山站附近的冰盖获得了 50 米长的冰芯。在第 14 次南极科学考察中，钻冰芯的任务交给了效存德（现任北京师范大学地表过程与水土风沙灾害风险防范全国重点实验室主任）。到了第 15 次南极科学考察，钻冰芯的位置延伸到了距离中山站 80 千米的位置。

埃默里冰架是南极第三大冰架，也是国际上南极地区与全球变化中最具挑战性的前沿领域之一。2002 年，李院生带领中国南极内陆考察队，执行了我国首次埃默里冰架考察任务。他们在 1 个月的时间里，克服了生活和工作的重重困难，获取了 302 米的冰芯样品。这个样品不仅创造了中国人冰芯钻探的纪录，而且被誉为当时世界上极地工程研究最完整、质地最好的极地冰芯。

◎ 2005年1月18日，中国第21次南极科学考察队将五星红旗插在人类从未到达过的南极内陆最高点——南极冰盖冰穹A（李院生供图，侯书贵摄）

2005年，中国科学院寒区旱区环境与工程研究所冰芯与寒区环境重点实验室专家侯书贵研究员、张永亮工程师、客座研究员效存德在南极冰盖最高点成功钻取近100米的浅冰芯，而该冰芯也成为世界上迄今为止在南极冰盖最高点区域获取的唯一一支冰盖顶点冰芯。

在几次南极内陆冰盖考察和首次埃默里冰架考察的基础上，我国在南极建成了中山站－冰穹A冰川学综合观测断面，建成了埃默里冰架冰川学观测系统，获取了大量观测数据和样品，包括数支浅冰芯样品。

要开展南极冰盖冰川学工作，钻取冰盖的深冰芯尤为重要。虽然冰穹A地区是国际上公认的理想深冰芯钻取地点，但由于这里温度极低、海拔很高，在此钻取冰芯是技术难度极大的工程。

在亲手建造昆仑站的过程中，作为我国南极内陆冰盖工作经历最丰富、作业次数最多、对冰盖认识最深刻的极地专家，李院生压在心底的愿望越来越强烈：以昆仑站为依托，在冰穹A钻取到3000米深的古老深冰芯，与100万年来的南极气候"对话"。

作为"老南极"，李院生的南极情缘可以追溯至1982年。当年2月，

26 岁的他从南京大学地质系地球化学专业毕业后，被分配到河北地质学院任教，随后被中国科学院贵阳地球化学研究所卢焕章研究员相中，于 1986 年 10 月调至贵阳地球化学研究所从事矿物包裹体研究工作。这段经历为他后来的南极科考事业奠定了坚实基础。

1990 年，去北京出差时，李院生偶然听说南极冰芯及冰芯里的气泡。这个东西和矿物包裹体差不多，只不过里面包裹的是过去地球大气的样品。这激发了他对南极冰芯研究的浓厚兴趣。此后，每次去北京出差，他都要去中国地质图书馆查阅南极冰芯气体的资料，并复印了几百篇文献。

1995 年 6 月，李院生放弃了去加拿大访学的机会，调至中国极地研究中心冰川室工作，开启了南极雪冰地球化学研究工作。次年，作为交换学者，40 岁的他被派往日本，参加日本南极考察队内陆冰盖考察，并考察日本科学家在冰穹 F（位于南极洲毛德皇后地东部，是南极冰原的第二高冰穹）实施的深冰芯钻探科学工程。这是他第一次前往南极，也是第一次接触冰盖。此行他采集了昭和站 - 冰穹 F 的 1000 千米冰盖断面雪样、大气样品及沿途 7 个 2—4 米深雪坑样品，并与日本国立极地研究所的冰川学家建立了非常好的关系，完成了一份 3 万字的考察报告，对整个日本南极考察尤其是内陆冰盖考察细节进行了详尽的调研、了解与记录。

2008 年，出于对李院生战胜艰难险阻、出色完成一次次任务的敬佩，有人给形象帅气的他起了个雅号——"冰盖王子"。其实，那年李院生已经 52 岁，女儿为此调侃他："这么大岁数还当啥'王子'。"

为了钻取深冰芯，李院生提出，要在昆仑站开辟长 40 米、地下深 3 米、宽 5 米的深冰芯钻探场地，并开挖了一条长 10 米的钻探槽。昆仑站空气含氧量仅为平原地区的 57%，队员们每走一步体力消耗都很大，穿着笨重的鞋，走起路来比企鹅还笨。为了完成这项工作，昆仑站队队员进行了接续努力。

比如，在中国第 27 次南极科学考察中，昆仑站队的任务之一，即在距离冰面约 3 米深的冰芯房内再向下挖一个长 10 米、深 10 米、宽 60 厘米的冰槽。

挖冰槽可是个辛苦活。长 10 米、宽 60 厘米的冰槽，一次只容得下一个人转身，挖到 10 米深，槽内温度到了零下 58 摄氏度。当年才 23 岁的姚旭浑身贴着依靠化学反应发热的暖宝宝，仍感觉腹部冷得难受。每隔半小时，他和宋九建轮替一次，到冰面上暖和一下。

"他们经常将装冰雪的筐往我头上砸。"姚旭开玩笑地说。其实，他知道，"罪魁祸首"是温度太低，或许是低温空气比重大，冷气凝结在冰芯槽里不易散出，直接导致冰槽内浓雾弥漫，能见度非常差，即使依靠灯光，队友们也只能依稀辨出几米外的人影。

冰槽深处的冰雪介于冰与雪之间，密度大。用平时大家熟悉的铲子挖不动，得用电锯锯。姚旭和宋九建将锯出来的冰雪装好筐，通过低温电动葫芦运至冰芯房地面，冰面、冰芯房内的其他队员一块使劲用绳子把筐往冰面拽。

"我们合理调配人员，打破了工种界限，有时博士生导师、博士去给建筑工人打工。"时任科学考察队副领队、昆仑站队队长夏立民说。

冰芯房内温度为零下 51 摄氏度，站在那儿不活动会冻得不行，体力活动若稍大，汗水又会迅速结成冰。队员们间或走到冰芯房出口处，在雪面上垫个泡沫板晒太阳，虽然温度在零下 30 摄氏度左右，但已暖和得多。

与此同时，李院生团队开始着手深冰芯钻机研制项目的筹备工作。2008 年，"4000 米液封式深冰芯钻机研制"国家海洋行业公益重点项目获科技部批准，我国首台南极深冰芯钻机研制项目正式启动。项目负责人就是李院生。

此前，在冰芯钻机研制方面，中国科学院兰州冰川冻土研究所曾研制过一些适合于山地高原冰川冰芯钻探的便携式浅冰芯钻机，但没有研制套筒式浅冰芯钻机的成功经验，更无深冰芯钻机研制基础。因此，4000 米液封式深冰芯钻机的研制采取了与日本国立极地研究所合作的方式。

2011 年 4 月，钻机研制完成。同年 6 月初，在中国极地研究中心码头基地进行了联调联试和钻冰试验。

2012 年，中国第 29 次南极科学考察队昆仑站队将钻机运至现场，正

◎ 冰芯房内的工作情景（夏立民摄）

◎ 在零下30摄氏度的地方取暖。从左到右分别是曹建西、程文翰、夏立民、魏海坤、史贵涛（史贵涛供图）

式开始了南极昆仑站深冰芯科学钻探工程。从 2012 年到 2021 年，钻孔深度已达 800 米，钻穿了最难钻进的脆冰层。这是我国第一个深冰芯钻探工程，也是国际上第一个在冰穹 A 地区开展的深冰芯钻探项目。这台钻机的成功投用，标志着我国不仅拥有了深冰芯钻机装备技术，还掌握了钻探技术，填补了在这个领域的多项空白。

4000 米液封式深冰芯钻机的研制成功，不仅开辟了我国深冰芯科学研究的新领域，也带动了我国南极深冰探测技术的快速发展。在科技部、自然资源部、国家外国专家局、国家自然科学基金委等部门和单位的支持下，我国积极组建研发团队，开始了对南极钻探技术的系统研发。

借助国家 863 计划支持的"冰架热水钻关键技术与系统集成"项目，我国研制出首台 2200 米大深度、大口径、快速、高度集成冰架热水钻机。这是我国研究海洋与冰架相互作用、探测埃默里冰架接地线附近底部性状等前沿科学问题的关键技术装备，李院生任项目首席。

在"十三五"科技部重点研发计划资助下，我国研制成功"南极冰下湖无污染钻进取样钻机"500 米试验样机，为"十四五"冰下湖钻探奠定了基础。此外，在国家自然科学基金委南极冰盖冰下地质钻探钻机项目支持下，我国成功研制出了冰下基岩钻探钻机。目前，我国是世界上同时拥有深冰芯钻机、冰架热水钻钻机、冰下湖无污染取样钻进钻机、冰下基岩钻探钻机的国家。这些装备和技术，让我国拥有了在南极冰盖开展深冰钻探和深冰探测的优势，为在南极开展前沿科学研究奠定了坚实的基础。

解密"时光胶囊"

在中国第 40 次南极科学考察期间，时任中国地质大学（北京）党委副书记、校长孙友宏的团队成员首次成功进入麒麟冰下湖区域，并圆满完成了多项冰下湖钻探选址调查工作，为后续冰下湖科学钻探作前期准备。

冰下湖钻探是开展冰下湖研究的主要技术手段，也是获取冰下湖样品和原位观测的唯一技术手段。与冰层钻探、冰下岩石钻探取样异曲同工，冰下湖钻探研究也具有不可估量的价值。例如，南极麒麟湖等封闭湖泊可能保存着数百万年前的原状湖水。这些湖水就像"时光胶囊"，封存着湖泊演化的历史信息。

据《自然》杂志报道，2020年，美国科学家在距离南极点600千米的一处冰封湖面下，发现了令人惊讶的古老生命迹象——一种微小的甲壳类动物与缓步类动物（俗称水熊虫）的遗骸。

有生命科学方面的专家认为，由于幽暗（无光）、低氧和低营养环境，冰下湖泊中的微生物想必是一种原始生命形态，可能给研究生命起源提供重要线索。

冰下湖增加了极地研究的魅力，但最关键的是要实现取样过程无污染。

传统的钻探取样方法需要采用钻井液来维持孔壁的稳定，但这样会导致湖水样品被污染。孙友宏团队研发的可回收式自动钻探取样探测器（RECAS）相当于一个在冰中作业的机器人。潜入冰下前，它会先在地面对自身进行消毒和净化，确保无污染物；潜入冰下后，它会自动钻进，钻开冰层，进入湖水取样，然后自动返回，实现封闭式无污染取样。

这项技术是我国科研工作者的一项重要创新，标志着我国在极地钻探技术领域实现了从技术跟跑到技术领跑的转变。但孙友宏坦言，在大型热水钻技术等领域，我国仍需努力追赶。

早在20世纪60年代，英国剑桥大学斯科特极地研究中心就引入冰雷达系统，用于测量南极冰盖的厚度。冰雷达探测是基于电磁波理论，通过雷达回波技术研究冰雪介质特征，获取冰体厚度、冰下地形地貌和内部结构信息。1979年，英国剑桥大学斯科特极地研究中心、美国国家科学基金会和丹麦技术大学，曾在南极冰盖上共同实施了第一次大范围的冰雷达探测，探测断面总长约40万千米，在86%的断面上探测到冰下基岩界面，从而绘制了第一幅南极的冰下地形图，并测到南极冰盖的平均厚度为2500米，最大冰厚为4700米。

98%的南极陆地被厚达数千米的永久冰层覆盖。这个永久冰层就是冰盖，它们像厚厚的被子盖在南极大陆上。冰盖底部则被认为是破解冰盖变化难题的钥匙。相对西南极冰盖，在包括冰穹 A 在内的东南极冰盖地区，冰雷达开展的探测研究相对较少。

自中国第 21 次南极科学考察以来，我国科考队员利用冰雷达，对中山站-冰穹 A 的断面以及冰穹 A 的中心区域进行了持续不断的探测。结果发现，冰穹 A 下方的甘布尔采夫山脉，好似阿尔泰山脉般峻峭壮观。国际期刊《自然》曾刊登了孙波（现任中国极地研究中心党委书记）领衔的相关研究成果。

该研究成果揭示出过去 3400 万年以来甘布尔采夫山脉地区冰盖演化的三个主要阶段和时间序列，在国际上率先提出南极冰穹 A 下面的甘布尔采夫山脉是南极冰盖的起源地的关键证据。这也是中国极地考察在南极冰盖起源地、演化与稳定性等国际前沿科学问题上的重要研究突破。

事实上，自 20 世纪 60 年代以来，科学家利用冰雷达已探明南极冰下湖数目达 280 多个。其中，位于俄罗斯东方站冰盖下约 3700 米深处的东方湖是面积最大、最深的一个。

此后，科研人员借助冰雷达、物探等手段，又发现了几百个冰下湖。通过研究这些湖泊，人类能够了解湖泊的演化过程，探索生命起源和演化的奥秘。

◎ 前进（辛欣摄）

第 7 章

问天探宇
南极高点巡星河

在日出而作、日落而息的劳作中，我们的祖先很早就开始观察和探究宇宙的奥秘。早在2300多年前，中国伟大的诗人屈原就发出了著名的"天问"："遂古之初，谁传道之？上下未形，何由考之？"

遥远的南极虽然不适合人类居住，但却是在地面上探索"两暗一黑三起源"问题的最为理想的地点。所谓"两暗一黑三起源"，即暗能量、暗物质、黑洞及宇宙起源、天体起源、生命起源。在南极进行天文观测，不仅比其他地点看得更远、更清楚，还兼具高分辨率、大视场、宽波段的优势，有望为人类探索宇宙开启全新的"机会窗口"。

自20世纪90年代以来，全球范围内对南极科考和天文观测的热情持续高涨，引领人类将认识宇宙的视角延伸至这片极寒之地。我国也适时提出了"上天入地到南极"的路线图。

时至今日，我国在南极建立了全自动无人值守的天文观测站，在冰穹之巅部署了一批较为先进的天文观测和台址测量仪器。值得一提的是，我国南极望远镜成功追踪并独立观测到引力波光学信号，这标志着我国正式加入对国际关键天文事件的直接

◎ 霞光满天（夏立民供图）

第 7 章
问天探宇

观测行列。此外，应用于南极冰穹 A 地区的我国天文望远镜地基检测技术，还创新性地服务于 2022 年北京冬奥会赛道"体检"工作。

"一定到冰穹 A 去！"

国际天文学联合会成立于 1919 年，是国际科学联盟理事会的 25 个科学联合会成员之一，也是世界各国天文学家组成的权威性学术联合体，中国于 1935 年正式加入。每 3 年举办一次的国际天文学联合会大会是天文学界最重要的学术和工作会议，被称为天文界的"奥运会"。

2012 年，适逢中国天文学会成立 90 周年，国际天文学联合会首次将大会放在北京召开。来自全球 90 多个国家的约 3300 名天文学家在为期两周的会议上探讨了宇宙起源、外星生命、黑洞、暗物质、星系演化、太阳风暴等宇宙奥秘。有分析认为，这源于中国天文学研究已经进入了成就最多、天文观测设备发展最快的时期，东到上海佘山，西到西藏阿里，天文望远镜覆盖了我国境内多数适宜天文观测的地点。

对比上一届，也就是 2009 年于巴西举行的那次会议，时任中国科学院南京天文光学技术研究所（以下简称南京天光所）研究员宫雪非（现为所长）注意到这样一个细节：有关南极天文与天体物理的讨论首次升格为一个专门的大规模研讨会。在宫雪非看来，这不仅表明在南极开展天文研究越来越成为国际天文学界的热点，也从另外一个侧面说明，因为南极，因为有了冰穹 A，一切变得不一样。

为什么要在南极从事天文研究？归结起来，主要有三大原因。

首先，南极的光污染极少。南极没有常住人口，且在冬季有极夜现象，这使得科学家可以连续 24 小时不间断地观测天体，清楚地观测到天体随时间变化的各种情况。

其次，南极的寒冷气候为天文观测提供了得天独厚的条件。人类肉眼看到的可见光只是光波里的很小一段，因为大气层把很多波段的辐射都挡掉了，能到达地面的只有两种：可见光和无线电波。为了观测到更多波段的信息，科研人员不得不通过发射卫星等手段，让望远镜到大气层的上面去观测。

南极虽然水资源丰富，但由于极端寒冷，这些水都是以冰的形式存在的，使得空气非常干燥。但越冷的地方，对肉眼见不到的红外波段的观测就越有利。亚毫米到太赫兹波段容易受大气的影响，但在南极地面上就可以做亚毫米到太赫兹波段的观测，这是在其他地方均难以实现的。

最后，在南极开展天文观测还有一个优势，就是南极空气很干净。平时大家见到太阳周围都是"白花花的"，那是太阳光在大气中经过散射后形成的白色光晕或光环。夜晚，在城市观测星星时，会发现星星总是在抖动，像在眨眼一样，而这正是大气湍流作用的结果。这些都说明，大气里存在非常多的微小颗粒。而南极的空气特别干净，散射现象很少，星星也就不再"眨眼"。

正因如此，科学家们普遍认同，南极可能是地面上最好的天文台址之一。事实上，过去的一些观测结果也显示，南极的天文观测站为天体物理学的前沿研究做出了很大贡献，尤其是在宇宙微波背景辐射上。

◎ 纯净之地（夏立民供图）

一个著名的例子是，1998年年底，美国实施毫米波段气球观天计划，利用漂浮在南极洲上方的气球搭载望远镜，成功拍摄到当时最为清晰的宇宙初期图像。这一发现对科学家认识宇宙是平坦的起到关键作用。

在此背景下，多个国家相继出台和实施南极天文望远镜计划，如意大利、西班牙和法国联合研制了0.8米口径的红外望远镜，澳大利亚研制了2.4米口径的南极光学／红外望远镜，这些项目均展现了南极在天文学研究中的重要地位。

然而，南极地域辽阔，并不是所有地方都适合进行天文观测。2005年年初，中国第21次南极科学考察队队员首次登上南极内陆冰盖最高点——冰穹A，这一壮举在国内天文学界引起巨大反响。

冰穹A海拔超过4000米，空气稀薄，年平均气温零下56摄氏度，拥有长达3个月的极夜，拥有约90%的晴夜。正是这样冷、暗、干燥、气流稳定的自然条件，让冰穹A具有地面上天文观测最清晰的视野，被认为拥有"准空间"的天文观测条件。

南京天光所研究员崔向群（2009年当选中国科学院院士）回忆道："当登上冰穹A的消息传来，国内天文学界'炸开了锅'，我们都认为属于中国天文学界的一个新时代来临了。"

提及崔向群，不得不提的是大天区面积多目标光纤光谱天文望远镜（LAMOST）。LAMOST于1997年立项，2001年动工，2009年6月通过国家验收，2010年4月被冠名为"郭守敬望远镜"，现隶属于中国科学院国家天文台兴隆观测站（位于我国河北省兴隆县燕山主峰雾灵山南麓）。在经费有限、人手不足、时间紧迫的情况下，作为总工程师，崔向群领导了整个LAMOST的研制过程，用"在国外只能买两块光学望远镜大镜子"的钱，挑战从未有人尝试过的方案——镜面面形不断变化的主动反射施密特望远镜光学系统。2008年，崔向群在法国马赛的一次国际会议上作LAMOST的研制进展报告，赢得了全场一次接一次的掌声。2012年9月，LAMOST正式启动巡天观测。截至2024年3月，LAMOST已发布2512万余条光谱数据，至今仍然是世界上发布光谱数据最多的光谱巡天项目。

研制了几十年望远镜，崔向群有个梦想，希望能将中国造的观测设备安装到南极去。不仅是崔向群，王力帆也有同样的想法。

王力帆曾担任国家重点基础研究发展计划（973 计划）首席科学家，也曾是中国科学院紫金山天文台研究员、中国南极天文中心主任。2005年春节期间，两人交流后一拍即合，决定利用郭守敬巡天望远镜国际学术研讨会之机，邀请一批国际天文学家召开会议，论证在南极冰穹 A 进行天文观测的可行性。

会上，国内外同行意见一致："一定到冰穹 A 去！"这更加坚定了崔向群和王力帆的信心。

2006 年 12 月，中国南极天文中心在南京紫金山天文台宣告成立。该中心由中国科学院紫金山天文台、南京天光所、中国极地研究中心、中国科学院国家天文台等单位联合发起和共建。之后，中国科学院上海天文台、中国科学院高能物理研究所、南京大学、中国科学技术大学、天津师范大学、中国科学院云南天文台等单位陆续加盟。南极天文中心成为保障我国南极天文领域的权益，推进我国南极天文学研究和国际合作与交流的平台。2010 年 8 月，中国科学院基础科学局正式批复南极天文中心（筹）为该院非法人研究单元，使之成为推动我国南极天文大科学工程的核心组织力量。

设备需闯"三关"

从本质上讲，天文学是一门以观测为基础的科学，其前沿探索依赖于一流的观测设备。南极冰穹 A 以其独特的天文观测条件，不仅为我国天文界带来了重大机遇，也成为国际天文界关注的焦点。

2007—2008 年，国际极地年中国行动正式启动。错过了前几次的国际极地年活动，这一次，我国不仅首次参加了国际极地年活动，还派出中国科学院紫金山天文台副研究员朱镇熹和国家天文台研究员周旭跟随中国第 24 次南极科学考察队奔赴南极，执行 2007—2008 年国际极地年中国行动核心计划。

2008年1月,他们成功在南极冰穹A架设了"中国之星"小口径光学望远镜阵(CSTAR),这标志着我国在南极的天文探索跨出了历史性的第一步。

因为南极天文台址优势独特,从2007年起,中国南极科学考察队昆仑站队的人员构成里,天文领域的科研工作者便成了不可或缺的力量。

在历次南极科学考察中,昆仑站科学考察队往往承担着最大的风险、最艰苦的工作条件、最艰巨的任务,迄今为止该队伍尚未有女性队员参与。在强紫外线环境下,队员们的脸先变红,然后变成紫黑色,接着脸皮开始脱落,并伴随着嘴唇开裂。涂抹防晒霜、润唇膏效果甚微,但不涂抹则情况更惨。

恶劣的环境不仅给科考队员带来极大的挑战,同时也给天文设备带来诸多考验,这些设备往往需要"过关斩将",才能成功运至目的地并顺利投入运行。

从技术角度讲,与一般的天文装备相比,南极天文装备有一些独特的问题亟须解决,其中,要闯的第一关是"低温关"。

李正阳现为南京天光所望远镜新技术研究室副主任、研究员。他分别于2011、2014、2023年参加了南极科学考察,3次登顶冰穹A,主要完成天文设备在冰穹A的安装调试和运行维护,以及天文场地的维护和准备等任务。

由于我国昆仑站目前只是度夏站,现场考察是在极昼期间开展的,工作温度为零下40摄氏度左右,工作窗口只有约20天,在其余时间,现场的天文观测均在无人值守的情况下进行,设备工作温度会低至零下80摄氏度。南极望远镜的研制地点和台址的温度差别达100摄氏度左右,远远超出了一般望远镜的容许范围,而天文望远镜是精密的观测仪器,其结构的热变形会直接导致像质的劣化。目前的应对方案主要是,选择极低热膨胀系数材料或设计具备热变形补偿效应的特殊结构。

与此同时,尽管南极内陆的空气非常干燥,但极低的气温使得相对湿度非常大，光学镜面/金属表面容易结霜，影响观测或导致望远镜失效。为适应南极地区极端的自然环境，需要对望远镜的镜头、结构、材质等进行特殊设计。为此，研究人员找到了三个解决方法，包括在镜面上镀可以发热的导电膜层，使用红外辐射灯，或者直接在射电望远镜面板的背面安装发热元件。但如何有效地除雪化霜，又不会导致敏感的镜面变形，或破坏镜面附近的视宁度，仍然是难点。

此外，低温低压的环境给望远镜的光学、机械结构、自动控制材料和元器件的选择等提出更高的要求，如低气压会导致计算机硬盘失效，也会显著降低柴油发动机的工作效率等，所有的部件都需要经过严格的低温和低压测试才能保证其性能。为确保近红外望远镜在环境恶劣的南极地区稳定运行，李正阳及其团队在南京建造了一个模拟零下80摄氏度低温的实验室。鉴于南极地区有时会突然刮起大风，扬起"地吹雪"，这可能造成设备卡死，该望远镜应用了自主研发的耐低温光学镜筒和全密封直接驱动电机关键技术，显著提升了设备的极端环境适应能力。与此同时，科研人员在设计中需要充分考虑作业条件，甚至细到一颗螺丝的位置。因为每年进入内陆的时间非常有限，如果拧螺丝这样的工作也要花掉大半天时间，那代价实在是太大了。

天文装备运抵南极，要闯的第二关是"运输关"。

南极不产一物，所有装备都需要经过上万千米的长途运输才能到达台址。这些装备可能要经历陆运、海运、

◎ 李正阳与南极近红外望远镜合影（李正阳供图）

直升机吊挂和内陆的雪地车运输，运输工具千差万别，运输条件也不友好，尤以内陆的雪地车运输为甚。

在我国第 25 次南极科学考察中，宫雪非和中国极地研究中心年轻的机械师魏福海共同驾驶一辆卡特车，该车拖载的 6 个雪橇还载着约 60 吨的物资。两人当时最头疼的就是货物过载问题。因为过载，车辆在起步时就会陷在雪地之中，这时他们必须下车将雪橇解锁，再分别将雪橇拖出。有时，卡特车会陷在雪里，他们还要找其他车帮忙才能使其摆脱困境，然后再连上雪橇继续前进。万般无奈之下，他们甚至创造了两个卡特车互助，将 12 个雪橇编为 3 组，交替拖载，来回穿梭运输。包括望远镜在内的设备被置于雪橇上，由雪地车拖载而行，然而，南极各种雪面地形会给望远镜带来严重的振动。

负责天文科考智能支撑平台的东南大学教授魏海坤（东南大学自动化学院原院长）也对闯"运输关"的经历印象深刻。

设备要从南京运到西藏接受测试，再从上海登"雪龙"号、跨越西风带、在冰盖上颠簸近 1300 千米，魏海坤最担心的是设备在路途中受到不可修复的损害，那将意味着项目组 30 多人一年半的努力付诸东流。

安装过程也不简单。极低温环境下，常规的电线一拧就断。此外，因高原反应，人往往吃不下、睡不着，在雪地搬东西也特别费劲，本来可搬运 50 千克的物件，到了雪地、到了昆仑站，搬运能力要大打折扣。

设备要维持运行，还要闯过第三道关卡——"能源关"。

在昆仑站建天文台，首先要有一个可以在无人值守的极端环境下能独立运行的能源舱，包括发电、结构与温控、现场主控、数据存储、通信及国内监控等多个子系统，利用这些子系统提供南极天文望远镜等观测设备运行所需的电力，并对天文设备进行实时监测、遥控及数据通信。

2007 年，我国与澳大利亚科学家合作为昆仑站天文项目定制了一套能源和通信系统——高原观测站（PLATO），集成太阳能和传统发电机，配备卫星通信，可以保障现场设备的越冬运行，并支持远程对设备的监测和控制。

2009年9月，中国科学院紫金山天文台和东南大学等展开合作，在第27次南极科学考察期间安装了中国人自己的天文科考智能支撑平台。该平台是天文观测仪器的生命保障系统，控制着仪器的"吃""喝"，支撑着仪器的正常运行。该平台包括能源舱和仪器舱两个核心模块。

在平台运往南极前，魏海坤及其团队曾在海拔4300米的西藏羊八井地区，对平台进行了几个月的测试，尽量模拟冰穹A的低压低温环境。低压环境模拟相对容易，因为羊八井的气压与昆仑站差不多。由于冰穹A地区严重缺氧，燃料燃烧不充分，输出功率大打折扣，平台专门做了低气压适应性改造。

但低温环境的模拟则让人犯了难。世界上尚无其他地方能够完全同时模拟冰穹A的低温和缺氧环境。项目组曾在南京找到一个低温冷库，但冷库门太小，无法容纳舱体，而且冷库的最低温度为零下15摄氏度，远高于冰穹A的温度。学校实验室可以模拟零下80摄氏度的环境，但空间太小，空气也不流通，对动辄数吨且需要新风循环的平台，同样无能为力。令人振奋的是，2024年传出好消息，我国计划在南通建造极地环境模拟装置，目前该项目已经启动。

由于长年低温，很多计算机系统在极端条件下都会失灵，因此还必须配备一个具备温度自动控制功能的仪器舱，维持舱内温度在零下20摄氏度以上。无论是发电舱还是仪器舱，都要保证在至少一年的时间内能够不间断地工作，这对整个系统的可靠性提出了很高的要求。

2011年，我国自主研发的首套南极科考智能支撑平台样机在昆仑站实现了连续50多天的运行，不仅完成了样机的原理验证，也为后续"中国南极天文台"项目的立项奠定了基础。

2011年以后，在中国极地研究中心的大力支持下，东南大学继续对南极科考智能支撑平台进行了完善和升级。因为卫星通信成本高且传递速度慢，除了少量最精华的数据通过铱星电话及时传回国内进行分析，大部分的海量观测数据都被储存在电脑内，等待下一个夏季到来时由下一次科学考察队的队员取走。

"十二五"期间，我国在昆仑站上搭建了一个全新的智能平台。新一代平台不仅输出功率更大，在能源使用上也加入了太阳能元素，改变了目前完全依赖常规能源的格局。

2020年，方仕雄和刘西陲在南极泰山站安装了新的能源供应平台——"东大极能"。2022年疫情防控期间，张侃健和葛健在昆仑站安装了第二套能源供应平台，并对泰山站的"东大极能"平台进行了维护。泰山站和昆仑站的能源供应舱均连续运行了接近半年，直至燃料耗尽，创造了我国常规能源供应平台的运行时间纪录。2023年，东南大学研制的我国首套采用光伏和储能供电的验潮站在南极秦岭站无人值守运行满180天，这也是我国在南极运行时间最长的新能源供电的无人值守观测站。这意味着新能源和常规能源相结合，可以实现南极全年的无人值守连续供电。

经过这些年不断研发，目前南极天文观测站建设已经初具规模，包括发电机组、自动气象站、南极巡天望远镜、天文光谱仪等10多套的天文仪器设备已基本适应了极端气候条件下的环境，能够在无人值守的条件下常年运行观测。

解冰穹之上的星辰密语

如今，我国南极昆仑站天文场地已经迎来了一批望远镜。这些望远镜获得了大量观测数据，对推动超新星宇宙学、宇宙暗物质、系外行星探测及恒星形成机制等国际前沿领域的研究，具有重要意义。

南京大学天文与空间科学学院院长周济林对"中国之星"小口径光学望远镜阵给予了高度评价："以往我国在系外行星研究领域主要依靠国外空间望远镜所提供的数据，'中国之星'小口径光学望远镜阵的成功部署，标志着我国已具备自主望远镜发现系外行星候选体的能力。"

借助"中国之星"小口径光学望远镜阵，天文学家已从连续4年的观测数据中发现了一批变星和系外行星的候选体等，积累了大量大气透明度、天光亮度、晴夜数等台址数据，为南极天文观测打下了良好基础。

◎ 昆仑站的无人值守动力舱（夏立民供图）

2006年，中国天文学界提出建造南极巡天望远镜（AST3）计划，并希望以此为未来的大型望远镜在科学与技术方面探路。最初，AST3项目组组长为崔向群，后来由现任南京天光所党委书记、副所长袁祥岩担任。后来，AST3研制团队荣获第17届中国青年女科学家奖团队奖。

南极巡天望远镜（AST3）是一个阵列，由3台50厘米口径的光学望远镜组成，观测能力尤为突出。该望远镜能够在一天内3次拍摄覆盖1500平方度的广阔天区，也可以在一分钟内对4.2平方度的天区进行3次快速拍摄。这一特性使其既适用于寻找超新星、活动星系核、黑洞、伽马射线暴等天体现象，也适用于观测恒星和行星。

按计划，3台同样的望远镜在不同的颜色波段同时进行观测，可以指向天空任何方向并跟踪，主要进行超新星早期发现、系外行星搜寻和光变天体的研究。在南极漫长的极夜里，该望远镜能够不间断地观测，成为地面天文研究中独一无二的望远镜。

2012年2月，第一台南极巡天望远镜AST3-1被第28次南极科学考察队在昆仑站成功安装。自2012年3月15日投入运行至当年5月8日止，AST3-1累计观测了746小时，拍摄了超过28 000张照片，其间仅有3天因天气原因中断观测，其主要任务就是观测超新星和系外行星。3年后，第二台南极巡天望远镜AST3-2由第31次南极科学考察队运至昆仑站并完成安装。AST3-2从2015年开始运行，2017年首次实现全年无人值守观测。AST3-3计划开展红外波段观测，为了充分测试望远镜的性能和可靠性，

◎ 南极巡天望远镜 AST3-2（李正阳供图）

目前在中国科学院紫金山天文台姚安天文观测站进行光学波段的试运行。

2010年1月，中国第26次南极内陆考察队将国际上首例无人值守、远程操控的超宽带太赫兹傅里叶光谱仪成功安装在冰穹A。经过长达19个月的连续运行，这台对太赫兹辐射极为敏感的光谱设备，首次在南极冰穹A获得了太赫兹至远红外谱段的大气透过率长周期实测数据。观测结果表明，与其他地面观测台址相比，拥有4093米高海拔和零下80摄氏度左右极低温的冰穹A，在太赫兹至远红外谱段的大气透过率明显更高，是观测宇宙的绝佳新窗口。在这一长周期、极低温大气透过率实测数据基础上，我国科研团队还给出了大气辐射模型新的约束条件，这对于建立更精确的大气辐射模型研究全球气候变化有重要的意义。2016年12月13日，《自然》子刊《自然－天文学》首期文章，刊登了中国天文学家领衔的一项南极天文观测成果。

"频率0.3—15太赫兹、波长1毫米—20微米的太赫兹至远红外谱段，是观测宇宙的重要波段，宇宙中约有一半的光子辐射能量，如孕育恒星的冷暗气体、尘埃辐射等，都集中在这一谱段。"该研究领导者、中国科学院紫金山天文台南极天文和射电天文研究部主任史生才说，此次的观测结果再次验证，南极冰穹A确实是地面观测宇宙的绝佳窗口。

2013年，《国家重大科技基础设施建设中长期规划（2012—2030年）》颁布实施，规划优先安排了16项国家重大科技基础设施建设，中国南极天文台位列其中。该天文台主要面向21世纪最重要的重大科学问题——暗物质和暗能量、高红移宇宙、恒星与星系的形成和演化、系外行星和生命起源等，主要的建设内容包含两台主干设备：2.5米光学红外望远镜KDUST和5米太赫兹望远镜DATE5，以及为之提供支撑的台址与现场基础设施、能源通信和交通系统、运行控制系统等。遗憾的是，因为种种原因没有立项。

2019年1月，在中国第35次南极科学考察中，研究团队将自主研制的昆仑视宁度望远镜KL-DIMM运至昆仑站。经现场安装调试成功后，该望远镜立即投入观测，并实现无人值守的越冬长期全自动运行，获取了珍

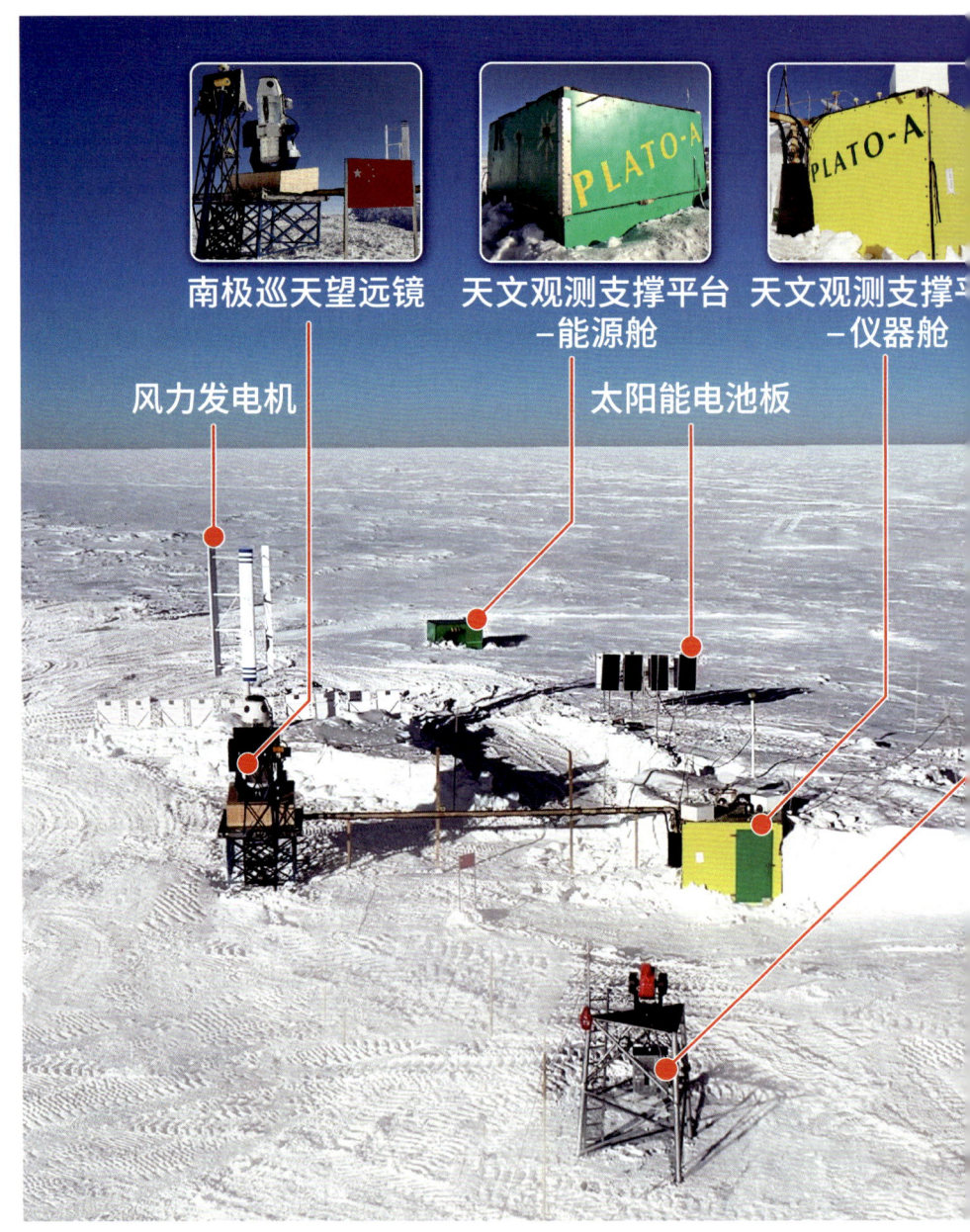

◎ 南极昆仑站天文观测现场（中国南极天文中心供图）

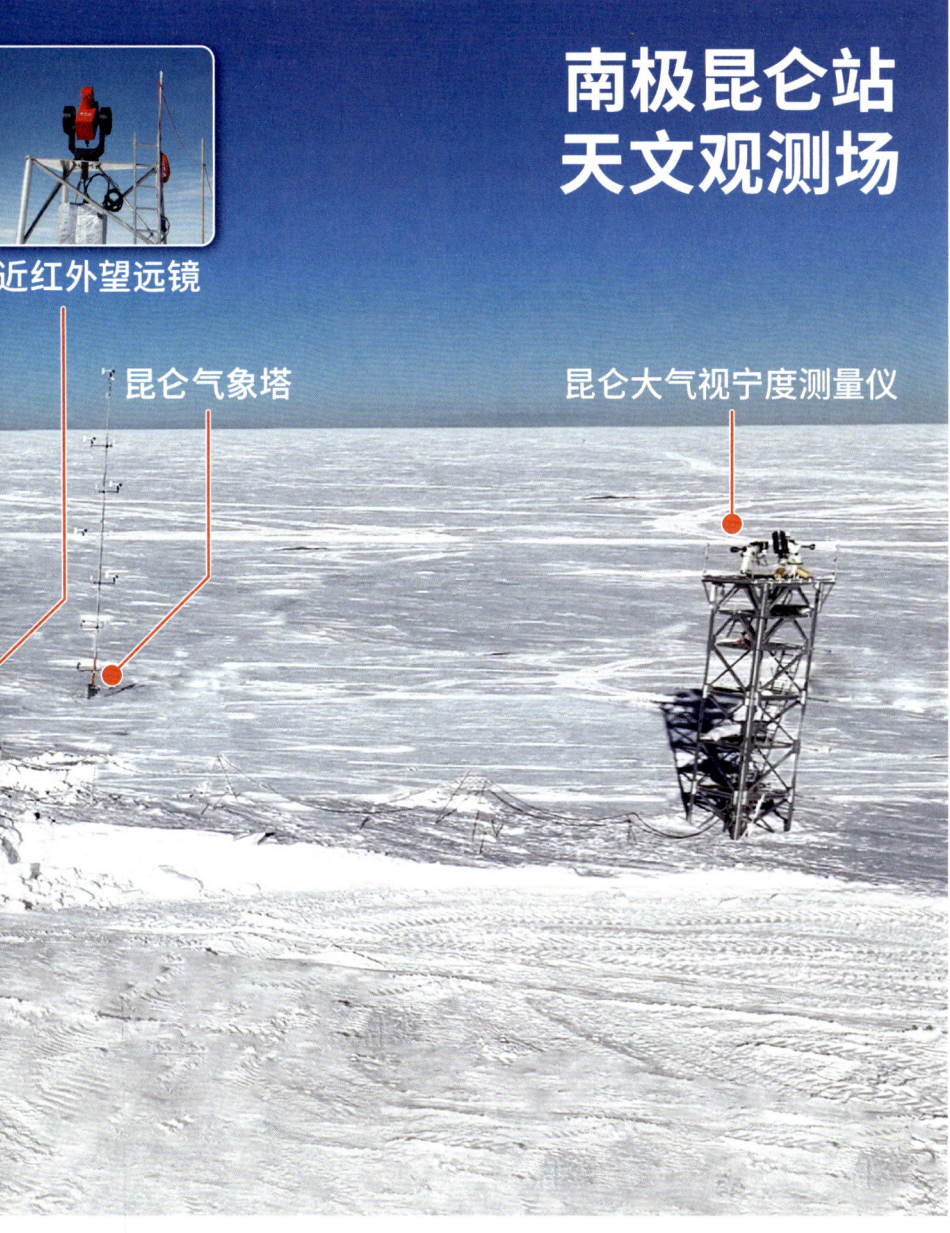

南极昆仑站天文观测场

近红外望远镜

昆仑气象塔

昆仑大气视宁度测量仪

第 7 章 问天探宇

贵的夜间视宁度测量数据。

视宁度表征大气抖动对望远镜观测星象造成的模糊程度。在视宁度好（数值小）的条件下，观测恒星因为大气湍流带来的抖动比较小，所以照片上星象更加锐利清晰，对观测暗弱的天体效率更高。在视宁度优异的天文台，一台小口径望远镜的观测能力，可以与其他地方的大望远镜相媲美。因此选择天文台址时，视宁度是最重要的参数之一。

2020年7月30日，《自然》杂志发表了中国科学院国家天文台商朝晖研究团队的一项重大成果。依托我国自主研发的KL-DIMM设备，研究团队首次测量并获得了极佳的夜间大气视宁度，证明昆仑站所在的冰穹A地区的光学天文观测条件优于已知的其他任何地面台址，确认了昆仑站拥有珍贵的天文观测台址资源。这是第一次用实测数据对冰穹A的视宁度进行了定量的科学统计和评估，并进一步证明了冰穹A的大气边界层很低，有利于未来的天文台工程建设和成本控制。该研究共包括9位作者，参与单位包括国家天文台、天津师范大学、中国极地研究中心、澳大利亚新南威尔士大学（UNSW）和加拿大不列颠哥伦比亚大学（UBC）。

长期以来，我国在红外天文望远镜领域相对薄弱。在中国第40次南极科学考察中，考察队在南极昆仑站首次开展了近红外天文观测以及近地空间环境全时段监测实验。此次投入运行的近红外望远镜波长在1.1—1.4微米，是最接近可见光的波段。根据科研计划，无人值守期间，近红外天文望远镜将锁定几个特定区域进行持续观测，并及时跟踪观测宇宙中的爆发天体。

依托中国天文设备，我国已开始参与国际关键天文事件的直接观测。2017年10月16日，美国国家科学基金会宣布：激光干涉引力波天文台（LIGO）和处女座引力波天文台（Virgo）于2017年8月17日首次发现双中子星并合引力波事件。

由于此次引力波现象发生在南天的长蛇座，北半球的望远镜很难看到，所以中国的大多数望远镜，包括FAST以及云南丽江的2.4米望远镜、国家天文台兴隆观测站的2.16米光学望远镜等，都没能进行观测。幸运的是，AST3成功参与了观测，追踪并独立观测到该引力波光学信号。

南极天文事业的发展，也吸引了南京大学、天津大学、清华大学、北京师范大学的优秀团队参加。2019年，中国极地研究中心、中国科学院国家天文台和南京天光所共同组建的科研团队入选国家级创新团队。该团队依托我国南极考察站，计划构建中山站—泰山站—昆仑站的天文观测链路，推动南极天文观测体系化发展。南极科考中有一个国际惯例：哪国在某地建站，周围的科研活动就以哪国为主。例如，我国在冰穹A建南极科考站，则冰穹A的天文建站和重大国际合作都将以我国为主，他国要建天文站或进行其他科考活动，必须来找我们合作，共同研制、使用大型天文设备。

崔向群骄傲地说，天文学研究无国界，以前一般都是我们主动去联系别人要求合作，但有了冰穹A如此宝贵的资源，包括美国、澳大利亚、法国等西方国家都积极与我国联系，提出条件优厚的合作计划，这对促进我国天文学发展、提高我国国际地位都大有裨益。

极地天文的辐射带动作用不囿于此。

南极冰穹A的雪层有近4000米厚，但未经过处理的自然雪在密度、强度上是无法满足天文台的地基要求的。此外，南极温差大，冬天极端低温可达零下80多摄氏度，而夏天日照时段，雪面地基因温度上升就会松动。有些望远镜本来就比较重，为了获得好的观测效果又要架设在十几米高的塔架上，因此雪面地基需要非常硬才行。如何将冰雪地面处理成稳定的基础，让望远镜的沉降在可以接受的范围？

2017年，中国科学院南京天文光学技术研究所副研究员温海焜及其团队承担了国家自然科学基金"冰穹A地区望远镜基墩参数化设计方法的研究"，就昆仑站地区的冰雪地基承载力进行测试和研究。该项目于2020年结题。但让温海焜没有想到的是，冰雪粒径检测仪和冰雪强度检测仪的关键技术被率先应用于2022年北京冬奥会。他们和中国气象科学院的科研团队不断攻坚克难，自主研发粒径检测仪和冰雪强度检测仪，为冰状雪赛道"体检"，努力为运动员高速滑行、减少运动损伤提供技术保障。

◎ 站区鸟瞰（胡本品摄）

———————— 第 8 章

地质书页
岩芯层叠记沧桑

近几十年来，地质学的研究方法已由传统的定性分析走向更为精确的定量分析，地质学家的目光不再局限于陆地，而是向海洋、地球深部，以及全球化的视角延伸。随着航天技术的飞速发展，科学家更是将地球与其他类地行星进行比较，试图揭开地球早期演化的神秘面纱。

其中，南极地质考察，不仅是我国地质调查的重要组成部分，也是我国南极科学考察的重要内容，其成果为人们深入了解南极这片神秘大陆奠定重要基础，更为我国实现从极地考察大国向极地考察强国的历史性跨越铺设了坚实的道路。

然而，正如量子物理学家约翰·阿奇博尔德·惠勒所言："随着我们的知识岛屿与日俱增，无知的海岸线也在日渐延长。"在地质学领域，这一窘境尤为凸显。面对浩瀚的地球历史和复杂的地质现象，我们需要以更加谦逊的态度，持续深化地质学研究，不断拓展我们的认知边界，以期在探寻地球悠悠岁月奥秘的道路上，取得更多突破性的进展。

◎ 冰饺（查恩来摄）

第 8 章
地质书页

追寻地球的"前生今世"

1980年1月12日,南纬77度51分、东经166度37分,南极罗斯岛麦克默多湾威廉姆斯机场,一架LC130大力神运输机平稳降落,从机上走下来的人中有两位黑头发、黄皮肤的中国人,他们是国家海洋局第二海洋研究所科研人员董兆乾和中国科学院地理研究所助理研究员张青松。两人将随澳大利亚考察队到凯西站进行综合考察和访问。

一位外国同行用摄像机记录下他们当时的样子:羽绒服显得臃肿厚重,但拉链全敞开着,没有丝毫寒不可耐的窘状;虽然墨镜遮挡住了眼睛,但是灿烂的笑容颇具感染力,他们身后的背景就是活跃的南极埃里伯斯火山。这是中国科学家的身影第一次出现在这块冰雪大陆。

"此次南极之行,我一定努力争取最好结果,顺利归来。万一我回不来,请不要把我的遗体运回,就让我永远留在那里,作为我国科学工作者第一次考察南极的标记。"这是张青松临出发前给所在党支部信中的一段话,其为祖国南极科考事业奉献一切的拳拳之心和赤子之情力透纸背。

就在20多天前,1979年12月19日,张青松正在青岛撰写考察报告和论文,筹备青藏高原北京国际讨论会,突然间,一封加急电报召其火速回京。就这样,他回京后被赋予了和国家海洋局的董兆乾一起去澳大利亚南极凯西科考站考察访问的重任。

对此,一直从事青藏高原地质地貌研究的张青松颇感意外。时间紧急,他无暇多想,开始紧锣密鼓地准备,而1979年11月28日在南极发生的一场惨烈空难,也让他觉得有必要对最坏情况作好心理准备和必要交代,为了不让家人担忧,他隐瞒了相关信息,只是在临行前给党支部写了封信。

我国古代相传有两句诗:"花如解笑还多事,石不能言最可人。"南极科考虽充满风险,甚至有性命之虞,但对张青松来说,无疑是莫大的幸运。因为地质学家将满腔的热情都倾注于一个看不见的目标——让沉默寡言的石头说出自然的秘密。

◎ 南极石（张翼摄）

弄清南极大陆地质构造的"家谱"

南极大陆是地球上最古老的大陆之一，现今已被发现的最老的岩石年龄达 39.3 亿年。它不仅经历了诸如格林维尔构造热事件、泛非期构造热事件等重大地质事件，还完整保存了这些事件的记录，这对人们理解南极大陆的形成与演化，甚至认知全球构造格局的形成和演化，具有重要科学意义。

南极大陆 90% 以上的表面被冰雪覆盖，仅在夏季，少部分区域暂时褪去白色外套，露出棕褐色的岩石。尽管这些岩石上不长一草一木，但地质学家却将其视为珍宝，管这有限的岩石露头叫"绿洲"。因为，它们蕴含着南极大陆地质历史的关键线索。

南极大陆曾处于冈瓦纳大陆核心位置，其组成大体包括现今的南美洲、非洲、南极洲、澳大利亚，以及印度半岛和阿拉伯半岛。然而，随着地质时间的推移，古大陆逐渐四分五裂，印度板块甚至远渡重洋，形成喜马拉雅山脉和青藏高原。

◎ 2000年，刘小汉（右）在格罗夫山发现土壤（刘小汉供图）

那么，冈瓦纳大陆为什么会裂解？它又是如何一步步分裂、漂移、聚合，从而形成现今地球的海陆格局？这些问题至今仍是国际地质界关注的焦点，它们不仅关乎冈瓦纳大陆的演化历史，更与欧亚大陆增生，以及特提斯构造带的演化等全球性构造问题紧密相连。

南极中山站和澳大利亚戴维斯站同属东南极普里兹带，二者之间直线距离为100多千米，但两地的岩石年龄相差却超10亿年。这是中外地质学家在东南极开展地质研究的意义所在。通过对其深入研究，不仅可以揭示冈瓦纳超大陆的拼合过程与机制，还可以追溯冈瓦纳大陆之前的地质历史，这对太古代至早古生代全球构造演化的研究具有重要的科学价值。

受南极考察地域和条件限制，国际上针对普里兹带本身的调查和研究工作都比较薄弱。然而，我国中山站恰好位于普里兹带的核心部位——拉斯曼丘陵，这为在普里兹带开展研究工作创造了非常有利的条件。

20世纪90年代初，中国地质科学院地质研究所（现地质力学研究所）研究员赵越，在原属于东冈瓦纳内部环东南极格林维尔活动带的拉斯曼丘陵地区，识别出了泛非期高级构造热事件。要知道，泛非期构造热事件对东南极古陆的影响非常广泛，因涉及冈瓦纳大陆最终汇聚的过程和机制，一直是南极地学研究的重点领域和热点话题。拉斯曼丘陵地区泛非期高级构造热事件的识别及其后续成果，最终促成了普里兹泛非造山带的建立，这也是我国科学家对南极固体地球科学最重要的贡献之一。

在中国第27次南极科学考察中，中国地质科学院地质研究所研究员王彦斌和中国科学院广州地球化学研究所研究员全来喜（现就职于西北大学）的工作是透过有限的"绿洲"勾勒南极的地质构造轮廓，并进行深入分析与推理研究，以期对整个南极大陆的地质情况有更全面的了解。

王彦斌的主要工作，是对中山站所在的拉斯曼丘陵及其邻区含有格林维尔期（约10亿年前）和泛非期（约5亿年前）两期高级构造变质事件的代表性岩石类型和单元，进行细致的野外观察和采样。他通过对锆石进行系统且精确的铀铅和铪同位素年代学分析测定，以及深入的地球化学分析，进一步限定构造变质事件发生的具体时间，并探讨了其原岩的产出构造环境，最后对不同变质地体进行联系和对比。

王彦斌解释道："通俗地说，我的工作就是要弄清南极大陆地质构造的'家谱'，如谁是爷爷谁是孙子，它们是何时形成的，在它们各自身上都发生了什么地质事件。"他之所以选择锆石作为研究对象，是因为锆石为非常稳定的矿物，能保留以前地质构造热事件的年龄和地球化学信息。王彦斌补充道："这些信息类似于人的基因，是子孙和祖先之间相互关联的唯一秘密；它又好比树木稀疏有致的年轮，如果在成长过程中发生过地质构造热事件，会在锆石上留下特别的犹如指纹一样的标记。"

虽然我国在南极地质科学研究中起步较晚，但通过地质学家们的艰苦努力，取得了丰硕的成果。例如，陈廷愚等完成了《1∶500万南极地质图》的编制工作，并对南极洲的地质发展和冈瓦纳大陆的演化进行了深入研究。李兆鼐、刘小汉、郑祥身等不仅建立了西南极乔治王岛菲尔德斯半岛的构造格架，还对该地区进行了火山岩地质初步研究。任留东等发现了硅硼镁铝矿石，纠正了国外地质学家把柱晶石误认为电气石的错误。王彦斌等通过同位素年代学研究，初步确立了拉斯曼丘陵的年代格架。全来喜等对中山站等区域的超高温变质作用演化历

◎ 陈廷愚在横贯南极山脉科考（王彦斌供图）

史开展了研究工作。

管窥全球地质演化的规律

1989年建立中山站后，我国地质学家对中山站所在的拉斯曼地区及其邻区做了大量且深入的研究工作，尤其是在矿物岩石、构造、同位素年代学，以及南极洲地质图编制等方面。

在众多致力于南极基础地质研究的国内学者里，中国地质科学院地质力学研究所研究员刘晓春曾6次赴南极考察，不仅将我国南极地质考察范围从科考站附近向外扩展到400千米，还取得了多项重要地质研究成果。

2004年南极夏季，刘晓春跟随中国第21次南极科学考察队前往南极，执行中国地质调查局的地质编图项目。受通信及取暖条件限制，他带领的地质项目组不得不脱离中山站基地，进行独立的野外作业，最远区域距中山站达150千米，其中包括埃默里冰架、兰丁陡崖和蒙罗克尔山脉等我国地质学家首次考察的地区。

2012年，刘晓春跟随赵越对南极半岛、南设得兰群岛、南乔治亚岛和马尔维纳斯群岛进行了考察，这是我国科学家首次在西南极地区开展如此大范围的地质考察。2014年，他策划并带领4人工作组实现了北查尔斯王子山和布朗山的地质考察，突破了以往考察仅局限在埃默里冰架－兰伯特冰川以东的区域，并首次实施了矿产（煤）的现场考察。2018年，他再次带领3人工作组系统考察了南设得兰群岛的主要岛屿，为正在开展的南设得兰群岛1∶25万地质填图提供了第一手资料。

在野外地质调查和综合研究的基础上，在中国地质调查局的支持下，赵越、刘晓春、胡健民、徐刚及任留东等人，完成了我国在南极第一张中比例尺地质图——《1∶50万普里兹带地质图》。这张地质图的制作完成，不仅填补了我国在南极地质调查和制图的空白，也提高了中国在南极事务中的国际地位。

开展南极研究工作还拓展了我国地质学家的研究视野。例如，王彦斌的一项课题是研究同属于冈瓦纳大陆的西藏地区。作为位于地球一隅孤僻独立的白色大陆，南极洲的存在和演变与我国有着密切的关系。我国喜马拉雅山地区属于冈瓦纳大陆的一部分，当冈瓦纳大陆的一部分（印度板块）向北漂移过来，猛冲到欧亚板块之下时，青藏高原被垫高，在交界处形成了喜马拉雅山脉，从而阻挡了亚热带暖湿气流的北进。接着，这一地质过程造就了塔克拉玛干沙漠、腾格里沙漠等大片沙漠，昔日繁茂的植被被深深地埋在地下。因此，研究南极洲及冈瓦纳大陆的演变对于认识我国的地壳演化以及成矿规律意义非凡。

此外，科学探测表明，南极地下不仅有黄金，还富含其他矿产资源。英国、澳大利亚和新西兰各有一家大型矿业勘探公司已向各自政府提出寻求在南极的独家矿产开发权，并计划进行商业勘探开发。虽然《南极条约》不承认任何国家对南极的占有，并规定50年内不允许任何国家对南极的矿产资源进行开采，但50年后南极矿产资源的归属和利用问题是人们不得不关心的问题。

寒渊之下的炽热追问

地学界有这样一种说法：人类了解地球的气候环境演变有三本书，一本是深海沉积物，一本是极地冰芯，一本是中国的黄土。若问谁把黄土这本书念得最好，当数2003年度国家最高科学技术奖获得者、中国科学院院士、中国科学院地质与地球物理研究所研究员刘东生。他潜心黄土研究近60年，提出黄土成因"风成说"及环境变化多旋回理论，开创"青藏高原隆起与东亚环境演化"新领域，带领中国第四纪研究和古全球变化研究领域跻身世界领先行列。

1991年11月，为了更好地领导国家"八五"攻关项目"南极更新世晚期环境演变"，74岁的刘东生踏上了南极考察的征途。5年后，他又奔赴北极斯匹次卑尔根群岛。作为刘东生的学生，中国科学院院士刘嘉麒这样评价："老师以苦为乐、以苦为荣、以身作则的为学之道，以及对科研与教育的孜孜追求，是对学生无言的教导！"

刘嘉麒的经历颇为传奇。1978年，当"科学的春天"到来时，身为

◎ 1993年，刘嘉麒作为中国第10次南极科学考察队首席科学家考察南极（刘嘉麒供图）

吉林冶金地质勘探研究所同位素地质研究室主任的他已经37岁。尽管那时刘嘉麒已是单位的业务骨干，事业、生活十分安定，但他毅然报考了研究生，成为中国著名地质学家侯德封的学生。硕士研究生毕业后，他又报考博士研究生，成为刘东生院士的学生。学生生涯结束时，他已年过44岁。

地质工作者以天地为己任，以山川作课堂，因此"走路"是常事。半个多世纪以来，刘嘉麒的足迹遍布世界各地。每当有人问他，这辈子都去过哪些地方时，刘嘉麒都自豪地讲："七大洲、五大洋，概括说就两个地方——没人去的地方和很少有人去的地方。"在这些地方中，追随老师足迹前往南北极的经历令他尤为难忘：

> 去北极比去南极容易得多，如果顺利，24小时内基本上可以从北京到达北极。而去南极，坐船差不多得一两个月；坐飞机顺利的话，也得一周左右。我第一次去南极的时候，搭乘的是智利的"大力神"飞机。我们先到南美洲最南端的一个小镇子，实际上是一个空军基地，从那里搭乘飞机去南极。
>
> 我第二次去南极是坐船，大致走的是从南纬54度到南纬65度多。坐船虽然跑的地方多，但是遭的罪也多。晕船严重，挺大的船到了西风带的地方，就像个小舢板，怎么折腾你都行。我们当时是用两三道带子把自己捆在床上，然后来回折腾。肚子里的东西吐完了以后，就吐胆汁了。要是遇到风浪就更遭殃了。
>
> 南极的冰山到处可见，都是化下来的大冰块在海洋里漂着，

船见了肯定得躲,要是撞上它,就触礁了。还有一种风暴,绕着南极洲海边低旋,速度很快。要是考察时正好碰上,瞬间就可能把人卷进去,那真是必死无疑。

为什么要费这么大劲跑到南北极去?刘嘉麒表示,南北极储藏着丰富的自然资源和科学奥秘,全球变化的诸多问题,可从极地寻找答案。例如,冰天雪地的南极也有火山。南极现有两座现代火山,一座是南设得兰群岛的欺骗岛火山,一座是罗斯海的埃里伯斯火山。埃里伯斯火山是南极最大的火山,有3000多米高,1900年和1902年都曾有过火山活动;而欺骗岛火山在1967—1970年持续喷发,现为一个海湾,在岸边,稍微挖一挖就可能挖出温泉。火山活动与地球板块运动有关,影响气候环境和生物演变。

北极地区也有火山。值得一提的是,北极煤炭资源相当丰富,且煤质非常好。按理说,煤不应该形成于极地,因为它是大量乔本植物被埋藏后形成的,乔本植物通常生长在温湿的气候环境,而这样的环境在当时不会出现在北极圈。含煤地层如何到达北极?这涉及复杂的地质问题,如地

◎ 南极欺骗岛火山地貌:水域港湾是火山口,周围山体是火山口壁(刘嘉麒供图)

球板块运动等。

刘嘉麒是第一位两次考察南极欺骗岛现代火山的中国科学家,并三入北极,在冰芯和湖泊岩芯中发现了多层火山灰,深入研究火山活动与冰川形成及气候变化的关系;他承担并主持多项国家重点基础研究项目、国家科委攻关项目、中国科学院重大项目等,在火山地质与第四纪环境地质等方面做了大量工作。谈及极地,他有一份特别的情愫:极地考察具有深远的科学意义和政治意义,是强者的事业和强国的象征,更是中华民族兴旺发达的体现。

倾听海底的地球心跳

北冰洋由美亚海盆和欧亚海盆两部分组成,其中美亚海盆最老,而欧亚海盆目前正以加克洋中脊为中心进行海底扩张,是最新的海洋地壳区域。然而,北冰洋美亚海盆的形成年龄一直存在巨大争论,被视为全球板块重构过程中的最后一块拼图。

通常,海盆的形成年龄是通过磁力调查获取磁力数据,然后识别海盆的磁异常条带以确定海盆的形成年龄。但在常年被海冰覆盖的北冰洋,常规的海面拖曳式磁力测量难以开展。自然资源部第二海洋研究所的张涛研究员是一名参加过多次北极科学考察的"老北极"。2012 年第一次参加中国北极科学考察时,他便萌生了在北冰洋开展磁力调查的想法。

面对传统磁力调查在北冰洋的"失效",张涛开始查阅大量国内外资料,寻找可以在高纬度冰区进行磁力调查的特殊方法。国外的冰区磁力调查主要是航空磁力调查,但美亚海盆水深近 4 千米,沉积层平均厚度达到了惊人的 6 千米。即使在海面进行磁力调查,磁力仪与沉积层下方的洋壳距离也有 10 千米。如此大的距离,致使以往航空磁力测量得到的磁异常分辨率非常低,磁异常解释的不确定性非常大。最终,张涛决定将磁力仪放到海底,使其紧贴海底面进行磁力测量。这样不仅可以大大降低磁力仪与沉积层下方洋壳的距离,提高洋壳磁异常的分辨率,还能解决在冰区难以利用科考船开展磁力测量的问题。

于是，在中国第 6 次、7 次、8 次北极科学考察时，张涛利用自行设计的近海底磁力仪，在美亚海盆开展了多次近海底磁力调查，采集到了多条近海底磁力剖面。正是基于这些宝贵的近海底磁力数据，张涛研究员在美亚海盆识别出了 4 组磁条带，将美亚海盆的形成年龄限定在了约 1.395 亿—1.286 亿年前，为未来认识和研究整个北冰洋构造体系提供了重要的年龄约束。

要问陆地上最长的山脉，很多人知道答案，那就是位于南美洲西部的安第斯山脉，长约 8900 千米。但要问及地球上最长的山脉，恐怕知晓的人就要少不少。因为它隐匿在深海，只有把所有的海水抽干，才能被看到。它就是洋中脊——分布在大洋中央的山脊。如果把加克洋中脊、大西洋洋中脊、西南印度洋脊、东南印度洋脊、太平洋-南极洲洋脊和东太平洋海隆视为一条连续的山脉，那么其就形成了长约 60 000 千米的洋中脊，约是安第斯山脉长度的 7 倍，是当之无愧的地球上最长的山脉。

虽然洋中脊"隐身"于洋底，但它却被认为是海底扩张和板块运动在地球表面留下的最直观、最壮观的痕迹。与陆地上的山脉多由板块挤压形成相反，洋中脊形成于板块拉张。在大洋中脊的中轴线上，坐落着众多的"火山口"。在那里，灼热的岩浆由地幔向上涌，逐渐冷却，结合周围已软化的岩石，形成新的洋壳。新生成的洋壳挤压大洋中脊两边已有的地壳，不断向外扩张，并最终在板块的交界边缘俯冲回地幔。因此，洋壳在大洋中脊出生，在板块与板块的撞击中消亡。在过去的几十亿年里，大洋洋壳就这样循环往复、生生不息。

2021 年，我国组织开展中国第 12 次北极科学考察，考察队搭乘"雪龙 2"号，历时 79 天，航程 1.4 万海里，围绕应对气候变化、保护北极生态环境，在北极公海区域采取走航观测、断面调查等方式，获取北极海洋水文、气象、生物等数据资料，同时，聚焦国际科学前沿问题，在加克洋中脊区域开展科学调查。中国工程院院士、海洋地质专家李家彪担任中国第 12 次北极科学考察队首席科学家。

为什么要去加克洋中脊？科学家根据洋中脊的扩张速率和岩浆供给

量的不同，将洋中脊划分为快速、中速、慢速和超慢速四种主要类型。其中，超慢速扩张洋中脊以西南印度洋中脊和北极加克洋脊最为典型。世界各国的科学家在各种扩张速率的洋中脊上都有所研究，唯独在加克洋中脊这块地方是一片空白，因为它完全是被冰覆盖的。该地区作业冰区的冰情基本维持在80%以上，超过半数的海冰为"十成冰"，即海冰密集度达到了100%。海冰密集度与冰层厚度、海冰温度，都是搭乘破冰船进行极地科考的基础参数。

传统教科书上的观点认为，全球海洋板块扩张导致扩张中心（即洋中脊）下的地幔被拖曳着向上运动，形成所谓的被动地幔上涌模式。根据此模式，在超慢速扩张的洋中脊，由于板块扩张速率变慢，单位扩张距离内岩石圈的冷却时间增长，扩张中心变冷，岩浆较少，相应的地壳厚度也较小。因此，此前人们一直认为加克洋中脊地壳厚度接近于零。

要探究海底地壳有多深、有多厚，以及岩浆、热液系统等奥秘，最精确的办法就是把海底地震仪（OBS）和海底大地电磁仪（OBEM）放到海底去。科研人员通过在船上释放气枪等来制造震源，间隔一段时间发一

◎ 布放海底地震仪（张涛供图）

次震源，地震仪在地球深部接收到信号之后，就能像 CT 扫描一样，把海底的特征全部呈现出来。然而，由于此处常年为海冰覆盖，确定地壳厚度的海底地震难以开展，国际上多位科学家甚至撰写多篇论文明确指出冰封环境下的海底地震是不可能的。

在中国第 12 次北极科学考察中，在执行加克洋中脊深部探测计划（JASMInE）时，考察队使用完全自主的国产技术和设备，成功放炮 5252 炮，回收海底地震仪 42 台，获取了冰下的第一条海底地震剖面。通过这项工作，科研人员在加克洋中脊惊奇地发现了世界上最厚的海洋地壳（约 9 千米），且具有超强的时空变化。结合历史观测，科研人员认为，加克洋中脊并非偶然的特例，而是超慢速扩张洋中脊固有的特质。

目前，在北冰洋考察中，考察队运用多波束、海底地震、重力磁力等多种测量方式，进一步深化了中俄加克洋中脊地球物理合作调查。考察队通过调查，可以进一步揭示加克洋中脊的结构变化以及扩张过程，为研究超慢速扩张洋中脊的热液循环机制提供一手资料。

2024 年 8 月 22 日，《自然》在线发表了我国科研工作者的研究成果《超慢速扩张的北极加克洋中脊高强度的岩浆变化》。文章第一作者张涛说，这是全球首次通过冰下地震阵列探测发现，世界上扩张速率最慢的北冰洋加克洋中脊的地壳厚度具有超强的时空变化。数值模拟表明，在超慢速扩张洋中脊中，岩浆活动主要受到了主动上涌的控制；主动上涌对地幔的温度和组分非常敏感，因此导致了超大变化的岩浆活动。

寻找太阳系的"时间胶囊"

2008 年，河北省承德市兴隆县兴隆泉村发生了一件天外来石的"大事"。4 月 12 日下午 4 时 50 分，兴隆泉村一位村民正在门口与邻居聊天，突然听见"嗡嗡"的响声，特别像飞机的声音，抬头一看，一个黑色的大圆球一闪而过，直接砸穿房顶，打到沙发上，最后弹到床上，还在镜子上留下擦痕。幸运的是，没有人受到伤害，他们一家还因为这块约 3000 克的陨石，发了一笔财。

提及陨石，大家并不陌生，但像那位村民这样，能在地球上亲睹陨石掉下来，还是很小概率的事件。

陨石中携带着丰富的科学信息，它们可以告诉我们太阳系是如何形成的。在人类取回月球岩石样品以前，陨石是唯一可供科学家直接研究的地球以外的岩石样品，曾有人将它比作时间胶囊。

与此同时，开展陨石研究也为人类提供了认识地球早期岩浆活动、核 – 幔 – 壳形成和演化的可能，对登月、火星着陆、小行星的深空探测计划实施具有重要指导意义。比如，可以通过研究它来监测、预警以及防御小行星撞击。模拟计算表明，如果小行星的直径超过 140 米，那么陨石撞击会给一个区域带来灾难。如果是直径 1000 米以上的小行星撞击，就有可能导致全球性的灾难。

每块陨石都携带独特的"星际记忆"

陨石从哪里来，这个问题经常被很多人问及。

中国科学院地质与地球物理研究所研究员林杨挺的解释是，陨石与火流星有关。火流星是闯入大气层的小行星，它以每秒十几千米甚至 20 千米的速度撞击地球，在穿过地球大气层时因高速摩擦会形成一个火团。因为火流星往往比较大，掉落到地上且没有燃烧完全的部分被我们捡到，这就是陨石。

1976 年 3 月 8 日 15 时，一颗来自宇宙的陨石冲入大气层，并在吉林市郊区形成了世界罕见的陨石雨。吉林 1 号陨石重 1770 千克，是人类已收集的最大的石陨石。中国科学院组织了以欧阳自远为首的全国性联合科学考察组，对吉林陨石进行了全方位的深入研究。

在阿波罗登月成功后，1978 年，时任美国总统国家安全事务助理的布热津斯基在访华时，赠送给中方一份 1 克重的月岩标本。作为中国仅有的对天体地质有所了解的研究者，欧阳自远和中国科学院地球化学研究所天体化学室团队获得了 0.5 克的月岩样本来做研究。经过 4 个月的全面解剖与分析，他和团队陆续发表了多篇学术论文。这是我国首次对月球地表的岩土状况进行深入剖析。自此，欧阳自远开始在心中酝酿独属于中国人的"月球梦"。

不同类型的陨石，讲述的是不一样的故事。除了月球、火星，目前全球发现的 6 万多块陨石大部分来自小行星，被称为太阳系的化石。小行星在整个太阳系分布非常广，大多位于木星与火星之间的小行星带。通过它，我们可以认识太阳系是怎么从尘埃和气体的星云盘演变成八大行星的。

对大部分的小行星，人们并不知道它们的轨道，但是科学家发现，少量小行星可以通过在三个不同位置布设相机捕捉其火流星轨迹，利用三角测量的方法计算出它的轨道，并根据计算出的位置去找陨石。借助这个办法，德国著名的新天鹅堡附近就发现了一块陨石。

2008 年，有天文台观测到一颗小行星，并计算出它不仅和地球近距离交会，还会直接撞到地球上。20 个小时以后，这颗小行星确实撞到了地球上，且科研人员在预测的位置找到了陨石。

要寻找陨石，沙漠是理想之地。因为陨石怕水，沙漠非常干燥，陨石在沙漠里保存十几万年也没有问题。我国西北，尤其是新疆有大面积的沙漠，近年也陆续在此发现了较多的陨石。

另一个找陨石的地方是南极。

是因为陨石更易在南极降落吗？专家给出的解释是，可能"黑褐色的陨石躺在蓝白色的冰雪上比躲在颜色相似的泥土中更容易被人识别"，而且南极有着特殊的地理、气候条件，低温、低湿度，使陨石的化学风化速度大大延缓。存集在蓝冰中的陨石随冰盖向大海的方向流动，由于内陆山脉和隐伏山脉的影响，蓝冰被阻后不断消融、升华，致使冰中的陨石露出并逐步在阻挡冰流的山脉处富集。因此，在南极，同一地区也许可发现许多不同时间降落的类型各异的陨石。

迄今世界上发现和回收的南极陨石中，绝大部分属于日本和美国。

1969 年以前，由于活动的局限性，人类在南极大陆只回收了 6 块陨石。1912 年 12 月 5 日，澳大利亚南极探险队的西部雪橇队回收了第一块阿德

◎ 冰上寻找陨石（夏立民供图）

雷地陨石，此后，苏联和美国于 20 世纪 60 年代陆续回收了 5 块陨石。但这些发现和回收带有一定的偶然性和随机性。

1969 年，日本南极考察队的冰川野外队在大和山，在距离冰碛岩和岩石露头不远的蓝冰表面，回收 9 块陨石。

1973 年，日本又在同一地区找到 12 块陨石。1974 年，日本组织了专门收集陨石的"猎人队"并幸运地收集到 663 块陨石，其中 200 块与 1969 年发现的位置相同。随后，日美联合考察队在维多利亚地区和阿伦山发现和回收到 581 块陨石，1976—1977 年发现一个重 407 千克的陨石样品，它是目前南极地区回收的最大陨石。1987—1989 年，日本在南龙达纳山附近的三个主要裸冰表面又发现和回收了 2000 多块陨石。

1983 年，林杨挺开始研究陨石。林杨挺说："没有南极陨石的时候，陨石样品少，从事研究的人也少。现在科研人员更多了，特别是有了深空探测，可以获得更多不一样的样品。"

格罗夫山的中国陨石猎手

格罗夫山是距离中山站约 460 千米的一片山区，幅员 3200 平方千米。"格罗夫"是从英文 Grove 音译而来的，意为小树林。这是外国人在拍摄卫星影像图时命名的。该地区蓝冰覆盖、冰峰起伏，由 64 座岛峰和大面积的蓝冰区组成，好像一片丛林。中国科学院青藏高原研究所研究员刘小汉是探索格罗夫山的先行者和奠基人之一。大家有时开玩笑，说他是"格罗夫山的皇帝"。

由于条件艰苦，救援力量不足，1998 年，刘小汉带领 3 名南极科考队员，单独驾驶一辆雪地车向冰裂缝密布的格罗夫山地区挺进。在中国科考队进入这里之前，人类的足迹还没有踏入过这块神秘的土地。这也是我国首次开展内陆地质调查，开创了国际南极考察史上单车进入内陆考察的先例。

◎ 刘小汉版"南极圣诞老人"（刘小汉供图）

格罗夫山藏着刘小汉在南极找寻陨石富集区的梦想。刘小汉曾在接受我的采访时，语气平缓地讲述着第一次南极格罗夫山之行："穿越格罗夫山，冰缝是每个穿越者的梦魇。冰裂缝具有隐蔽性，当天气不好，特别是白化天气时，冰缝、雪面简直无法辨别。"9年间，刘小汉及其团队累计进入格罗夫山5次。

1999年1月3日，刘小汉和刘晓春在完成阵风悬崖上一座岛峰的地质调查后，驾驶雪地摩托车沿着长长的蓝冰陡坡向下滑行。坐在后面的刘晓春忽然拍拍刘小汉的肩膀，示意停车。刘小汉以为刘晓春把地质锤之类的东西忘在山顶了。车还没有停稳，刘晓春就迅速跳下，向坡上跑去。

车头的方向还未扭转好，只见刘晓春跌跌撞撞地跑回来，气喘吁吁，举着一块黑色的石头。

标准的熔壳、清楚的气印，这是中国南极考察15年来发现的第一块陨石，一块重13.5克的黑褐色石质陨石，我国南极陨石回收大幕由此开启。

◎ 考察完格罗夫山时的留影。从右到左分别是刘晓春、刘小汉、李金雁、霍东民（霍东民供图）

此次考察，机械师李金雁和当时的武汉测绘科技大学（2000年并入武汉大学）研究生霍东民于1月11日和13日在阵风悬崖北段又回收了3块陨石，其中有一块是铁质陨石。

与地球上的石头不同的是，每一块陨石都有名字，对没有名字的陨石做出来的研究成果是不能发表的。一般用发现地的地名来给陨石命名。如果像南极格罗夫山地区发现了那么多陨石，这时候会用地名加时间的方式来命名，比如说陨石GRV020090，GRV代表发现地为格罗夫山，02代表发现年份为2002年，0090是它的编号。

2006年春节，时任考察队领队的魏文良打算从中山站坐直升机到500千米外的格罗夫山慰问驻扎在那里的科考队员。但是中山站的直升机还从来没飞过内陆，飞行员认为，按规定飞行半径不得超过300千米，此行超出飞行能力，太冒险。魏文良就动员他："到格罗夫山不到500千米，飞机续航力是760千米，只要温度在零下18摄氏度以上、风速在13米/秒以下就能飞，你为什么不飞？"他用一切方法打消飞行员顾虑，最终飞行员被"逼着"飞了。结果非常圆满，飞行员也很高兴。如今中国科考队的直升机在南极内陆飞行四五百千米都没有问题。

第4次格罗夫山队队长琚宜太带领队员，精心设计了一份特殊的礼物赠送给领队魏文良：他们用4个多小时时间，用2006块珍贵的南极陨石在冰盖上拼写出了"文良你好"四个大字，由中央电视台的随队记者制作成专题片交给魏文良本人。

拿到这份特殊礼物时，魏文良感动落泪："这是我从事极地事业几十年来收到的最珍贵的礼物，是我一生中最大的荣耀，比我立一等功时还要高兴！"

在第3次、第4次格罗夫山考察中，在琚宜太队长的带领下，我国分别回收了4448块、5354块陨石。截至目前，中国共在南极格罗夫山地区发现12 665块南极陨石，并在此建立了我国在南极的第一个保护区。刘小汉关于格罗夫山地区富藏陨石的判断正在成为现实。格罗夫山地区成为世界三大陨石富集区之一。

风险是通用货币

格罗夫山是普里兹造山带中最典型的泛非期地质体,对它进行研究具有特别的意义。然而,穿越格罗夫山,冰缝是最大的危险,也是每个穿越者的梦魇。冰盖上的冰缝具有隐蔽性,厚厚的积雪常年覆盖在上面,与无冰缝地带的雪面毫无差别,当天气不好,特别是白化天气时,冰缝、雪面简直无法辨别,这时候,每前进一步都是极端危险的。

对于车辆和人员来说,冰缝的最大危险来自它的直上直下。冰盖厚达2000多米,冰缝一裂到底,如同一个光滑的绝壁,宽处就像一条大峡谷,窄处就只有几百米到几厘米不等。几厘米的冰裂缝当然构不成什么危险,但宽达几十厘米的冰缝,其危险程度就不可预测了。人一旦坠入其中,后果不堪设想。

1999年1月27日,刘小汉一行结束了他们在格罗夫山的首次考察。

© 2000年,刘小汉在格罗夫山考察途中(刘小汉供图)

就在赶回会合点的路上，起风了，雪雾弥漫，雷达屏幕上一片空白，来时的车辙也已消失，他们只能靠眼睛搜索来时钻设的旗标，一步一步往回"摸"。因为暂时看不见下一个旗标，所以只能按照 GPS 的大致方向前进，边走边盼望下一个旗标尽快出现。

在前方白茫茫的天际，隐约显现一个微小的灰点，显然他们已经走偏了。机械师李金雁立即调整行驶方向，径直朝旗标驶去，旗标越来越近，车速也越来越快。大家猛然想起，来时他们曾在这里跨越过两条半米宽的冰缝。就在这时，一条冰缝迎面扑来。根据经验，要跨越一条一米宽的冰缝，既不能猛然加速，也不能过于缓慢，应当匀速通过。车里每个人的心都提到了嗓子眼，来不及有任何的思考和犹豫，刘小汉大喊一声"给油"，车身如同箭鱼一般飞过冰缝，随后车后轮边缘压塌冰缝边缘，发出了一阵轰鸣声。刘小汉回头一看，雪地车后面拉着的雪橇一半还悬在冰缝上空，但车身着了地，大家的心这才放了下来。

然而，危险并未就此结束。前方 10 米处又出现了一条更大的冰缝，宽约 1.5 米。对这种规模的冰缝，他们以前都是规避绕行的，从来没有过冒险冲闯的经历。急刹车显然已经来不及，因为一刹车，拖挂的重雪橇在惯性的作用下可能会把雪地车推进冰缝，至少会把雪地车以 45 度角斜卡在冰缝中。匀速通过也不行，因为冰缝的宽度已经超过履带的一半，机身的重量也会使前半截栽下去。"车毁人亡"四个黑色大字在刘小汉的脑海里闪过。

除了加速冲，别无选择！李金雁把油门踩到底，引擎发出一声怪吼，雪地车压垮了冰缝上的浮雪桥，但万幸的是，机车又一次安全通过了。一种说不清的心理促使刘小汉去好好看看他们刚刚越过的大冰缝。他跟跄地跑向车尾，这是一条新冰缝，两壁平直，齐刷刷地切开冰盖，向下望去，深不见底，仿佛直通地狱之门。

正因如此，格罗夫山考察队流传着这样一种说法：你在格罗夫山的每一步，都可能是人类的第一步，也可能是你的最后一步！

我曾有幸跟随王彦斌和仝来喜乘直升机去了趟距中山站直线距离约

◎ 王彦斌和仝来喜"享用"野餐（陈瑜摄）

20千米的斯托罗伊岛（隶属于博林根群岛）。当时该岛大部分表面区域仍被冰雪覆盖，只有少量岩石裸露在外。王彦斌和仝来喜忍受强烈紫外线照射，踩着海冰，在岛之间徒步穿梭取样。午饭是从中山站带出来的早餐——煎饼，喝的是用暖水壶从站上灌的白开水，身上背负着沉重的地质样品。

对于距离中山站较远的维科伊岛、科洛伊岛、斯托恩斯半岛、斯泰内斯半岛等，得依靠直升机才能抵达。在看天吃饭的南极，只要天气允许，这些地方就会被优先考虑；而中山站所在的拉斯曼丘陵范围内的镜半岛和布若克内斯半岛，由于步行或乘雪地车可达，因此考察安排可适当靠后。

离开中山站时，两人采集的数百块样品得用吊车从宿舍楼下转运至停机坪，然后再通过直升机吊挂至"雪龙"号上。

南极地质考察中，不乏女性的身影。文森峰是南极腹地最高峰，地势险峻，终年被风雪覆盖，主峰海拔5140米，全年最高气温零下40多摄氏度，被视为地球上的"死亡地带"。1956—1987年，全世界共有35位勇士征服过它，但其中没有一个中国人，更没有女性。

这一历史在 1988 年 11 月 26 日得以改写。一架飞机打破了南极腹地的沉寂，中美联合登山科考队的 6 名队员来到了文森峰脚下。随队出征的中国地质科学院南京地质矿产研究所副研究员金庆民，成为世界上第一位探访文森峰的女科学家，更是我国首位深入南极腹地考察的女科学家。

攀登文森峰的科考队中共有 3 名中方代表，另外 2 名都是曾登顶珠峰的优秀登山运动员，而金庆民当时已 49 岁，是 3 个孩子的母亲。在前往南极腹地科考前，她毅然决然地签署了"生死协议"。

中方代表之一的王勇峰后来回忆道："金老师带头毫不犹豫地签完了协议，然后对我们说'小伙子，没事，你们签吧，我们就是代表国家、为了国家'。"

进入南极腹地的第三天，其他队友开始向极地之巅发起冲击，为了不给队友拖后腿，金庆民选择独自一人留在营地进行科学考察。金庆民说："谁都想成为世界上第一位征服文森峰的女性，但是要条件允许。为了保证这一次登山科考的全面成功，我只有放弃登顶了。"

从文森峰回国时，由于所带行李超重，飞行员劝金庆民把分量过重的石头丢掉，可金庆民却说这些矿石和她的生命一样重要。最终，她舍弃了一些贵重的登山器材，把这些矿石全部带了回来。

◎ 雪鹱二重唱（朱亲耀摄）

第 9 章

生态前哨
极地精灵拨律吕

提及南极生物，人们首先想到的是标志性动物企鹅。事实上，南极的生物种类丰富多样，远超人们的想象。漂泊信天翁、黑背鸥、雪鹱、南极贼鸥、黄蹼洋海燕等海鸟在海天之间翱翔；威德尔海豹、南极毛皮海狮、座头鲸等海洋哺乳动物缱绻慵懒；南极鳕鱼等多种鱼类在冰冷的海域游弋……它们为这片冰雪世界增添了诸多生机。

南极海域还滋养着作为鸟类食物的磷虾，以及广泛分布的帽贝等无脊椎动物。地衣和苔藓是最常见的生物，它们与多种藻类及少量高等植物，如发草，在极端条件下，展现着生命的奇迹。

这些不同类型的生物种群不仅是南极生态系统的重要成员，还通过食物链或食物网相互依存、彼此制约，共同维系南极生态系统的平衡与稳定。研究它们，不仅具有重要的学术价值，还有益于南极生态系统监测和南极环境保护。

一直以来，我国既注重极地生态监测与保护，也注重对南极海洋生物资源的合理利用，严格根据南极海洋生物资源养护委员会制定的养护措施，参与磷虾资源和生态系统的科研评估，可持续开发利

◎ 帝企鹅（孙启振摄）

第 9 章
生态前哨

用南极磷虾资源。此外，我国还稳步开展南极生物勘探工作，在鱼类基因组及其进化、微生物多样性与新型酶和活性次级代谢产物研究等重要方面形成了众多新认识。中国在南极微生物菌株资源储备和研究方面取得重要进展，微生物培养技术、微生物多样性的非培养技术得到大幅提升。

企鹅粪中蹚出自己的脚印

"孙老师，你愿意参加南极科学考察吗？"1998年5月的一天，中国科技大学1977级校友、北京师范大学教授赵俊琳的一通电话，开启了孙立广的南极之旅，也成全了一位有志于学术转型的地质科技工作者的极地之梦。

1998年，中国南极科学考察已走过14年，中国极地研究队伍、研究方向和研究项目的框架差不多已经定型。但当时还没有科考队员来自中国科技大学。

接到电话时，孙立广已经53岁。他原本从事地质学研究，但已意识到环境与气候变化将成为地球科学研究的新的重要领域。如果能去南极，意味着他将迎来个人学术生涯中一次非常重要的学术方向转型，也可能是一辈子出成果最重要的机会。

如何才能做出具有独创性的成果？他决定另辟蹊径，从交叉学科入手，到南极研究企鹅粪。20多年来，孙立广独创"企鹅考古法"，开拓了"全新世南极无冰区生态地质学"这一新的研究领域，在《自然》（*Nature*）、《科学》（*Science*）等著名学术期刊发表100多篇高水平论文。

剑走偏锋的敲门砖

"孙老师进入南极，一定能在 *Nature* 或 *Science* 上发表文章。"1998年，孙立广在赵俊琳的陪同下，见到了时任国家海洋局极地考察办公室科技处副处长秦为稼。

孙立广自言，当时的心情是忐忑不安的，听到赵俊琳喊出来的这句话更是吓了一跳。将论文发在国际顶级期刊上,这是他从来没有想过的事。更何况,除了进行南极环境研究的意向,他们连任何实际的科研计划都没有。

用于准备的时间仅有一个月,孙立广甚至来不及阅读国内外极地研究的文献,只能依靠过去30年的研究和野外工作的知识积累,拍脑袋去考虑南极的科学问题了。

现在回想起来,刚好歪打正着。"如果当时我们掌握了比较全面的南极研究的文献,信心会大打折扣的。"孙立广说。

南极大陆的总面积相当于中国和印巴次大陆面积的总和,但限于当时的具体条件,能去的地方其实并不大,主要在长城站和中山站周边。可就是这两块"巴掌大"的地方,已经被几十个国家的上千名科学家研究了很多年,包括中国顶尖的地质学家和地理学家。

为了不侵扰"别人的地盘",孙立广的出发点是在水、岩、土、气和生物圈界面和边缘上去寻找科学问题,这与他早先开展华南高硫煤与酸雨关系的研究思路是一致的。

◎ 海冰上的企鹅(赵元宏摄)

首先"跳入"他大脑的是企鹅。企鹅是南极的标志性动物,它们在海洋中捕食,在南极大陆边缘的无冰区生活繁衍。它们把海洋物质通过生物的消化与活动过程,与粪便、羽毛和残骸一起留在了陆地和积水区,与风化土壤和植被的残体等一并保留在沉积物中。这样日积月累堆积起来的沉积层序如同一部企鹅的"史记"。

"研究企鹅粪,不仅可以了解企鹅的生态历史,还可以在企鹅粪和企鹅毛里面找到可能保存着几千年,甚至上万年前人类的活动信息,"在考察日记中,孙立广写了这样一句话,"期待在企鹅粪中做出有分量的工作。"

但是,对这个想法和课题设计能否被评审专家们接受,孙立广毫无把握。为了争取去南极的机会,孙立广没有把"宝"只押在企鹅粪上,而是带领学生谢周清和朱仁斌在"界面"上继续做文章:一是在南极的苔原和生物粪土区监测土壤中氧化亚氮、甲烷、二氧化碳这些温室气体的排放或吸收过程;二是开展企鹅聚集地大气气溶胶的组成监测。

出发前的最后一次协调会上,孙立广代表课题组作报告。不出意料,有领导很不高兴地表示,早知道你们研究企鹅粪就不让你们去了,企鹅粪有什么好研究的呢!孙立广没有辩解。事实上,此次南极行,他的心情一直是忐忑的。

此次能成行,与时任国家海洋局极地考察办公室主任陈立奇的一项

◎ 企鹅跃出水面(葛人峰摄)

决策直接相关。作为"九五"攻关计划项目"南极地区对全球变化的响应与反馈作用研究"首席科学家，陈立奇在队伍组成、研究方向上打破了传统的格局，设计的五个方向性课题的负责人都是清一色的中青年科学家，这需要组织一批有创新意识的、由新面孔组成的研究队伍。正是陈立奇的决策，让孙立广在赵俊琳的课题组中获得了弥足珍贵的机会。

"如果我们做不出像样的工作，我们不会要求再去南极。"对国家海洋局极地考察办公室领导这种没有退路的保证，给了孙立广巨大的压力和责任感，也驱使他开启玩命的南极之旅！

等待97天后的峰回路转

让孙立广绝对没有想到的是，考察进入第97天，自己和赵俊琳连企鹅粪土层的影子都找不到。

企鹅们大多生活在海边的岩石小丘上，它们的排泄物、毛发和残体等被雪雨和流水不断地清扫入海，找不到粪土层，原来的设计也就成了无米之炊。在考察巴登半岛途中，在几乎绝望的情况下，两人意外地找到了一个原有地图上没有标示的企鹅聚集区，并终于在一个溪流冲沟中，发现了一层厚约18厘米的含有粪土和苔藓的沉积层。

遗憾的是，上层的粪土厚度只有4厘米，其下全部是黄色的，看似

已经死亡的苔藓，而要从堆积的企鹅粪中找到近200年（即工业革命以来）环境变化的信息，就必须找到堆积了200年以上的含有粪便的沉积层。这意味着仅靠这个样品来研究企鹅的生态史，实在是杯水车薪，能达到预期目标的可能性很渺茫。

临近归期，孙立广赶着做些必要的收尾工作，不料在俄罗斯别林斯高晋站站长康斯坦丁指路下，于寻找化石的旅途中，在阿德雷岛收获了意外惊喜。

过去他们寻找企鹅粪土层，都是在海岸边寻找企鹅聚集区，很少往高处跑。此次阿德雷岛研究区域及湖泊位置采样点的海拔高度分别为12米、18米、20米和28米。按道理，这个集水区的水源来自融化了的雪水，应该是清澈洁净的。周围没有企鹅，可是这里的水却很浑浊，水中还漂浮着浅粉红色的絮状团块状物质——这是企鹅粪的颜色。孙立广一行迫不及待地在水边的泥土上向下挖去，一直挖到下面40厘米还没有见底，开始见到冻土层了。

这个意外的惊喜完全改变了孙立广的心情。

路上，孙立广想起了为他花了一个月休息时间缝制样品袋的妻子，于是决定将这个无名小湖命名为"雅湖"。这个名字巧妙蕴含了他妻子名字的谐音，代号Y2，其后依次为Y3、Y4。这是孙立广在南极唯一的一次命名，后来它出现在许多论文和参考文献中。

第二天一大早，长城站的老少爷们都上阵了，湖面上刮着冷风，大雾弥漫。大家在湖边的泥滩上开始工作。没有钻机，采样工具很简陋：几根PVC管、钢锯、木板、几块泡沫塑料和密封用的胶带纸，还有一把大铁锤。借助这些土工具，在工人师傅的帮助下，很不容易地取出两根泥柱，其中一根长67.5厘米。有了这个样品，研究不再是无米之炊了！

"企鹅"走进大雅之堂

回国后的研究结果显示，企鹅粪土层中的标型元素相当完美地记录了企鹅种群数量在过去3000年的历史变化。孙立广和谢周清以非常期待的心情将文章投到一本核心期刊,经过揪心的 3 个多月的等待,一瓢冷水将希望浇灭了。

孙立广断然作出一个非常大胆的决定:一步到位,将文稿译成英文投送到国际顶级刊物《自然》上去。

仅仅过了两个月,对方给出最终审稿意见:这是一种研究南极湖泊积水区历史时期企鹅数量变化的新颖的生物地球化学方法,在不久的将来很可能形成一个活跃的研究领域。

这份审稿意见与孙立广团队对文章的自我评价不谋而合。喜出望外的孙立广首先感叹:"中国科技大学的南极考察可以有第二次了!"继而回想起出发南极前立下的"不成功则成仁"的誓言,如今可欣慰地表示:可以"不成仁"了!

2000 年 10 月 14 日,《记录:过去 3000 年企鹅数量变化》(A 3000-year record of penguin populations)的文章正式发表。这也是中国科技大学第一篇发表在《自然》杂志上的文章。

◎ 对歌(付运和摄)

◎ 它（企鹅）在水中笑（付运和摄）

最终，孙立广独创的企鹅考古法研究成果被教育部评为"中国高校十大科技进展"，被科技部等四部门联合评为"科技攻关优秀成果"，获安徽省自然科学一等奖，获得"中国科技大学杰出研究校长奖"。孙立广自豪地说："'企鹅考古法'就像一把钥匙，通过这把钥匙就找到了一个研究的新方法，开创了'南极无冰区生态地质学'研究方向。"利用与研究企鹅粪同样的思路，孙立广又指导博士生们开展了对南极海豹毛、海豹粪土层、南海西沙群岛海鸟粪土层的研究，相继在《自然》子刊等学术期刊上发表了颇有影响力的论文。

如今，孙立广已经退休了。让他深感欣慰的是，20多年前，他开展企鹅粪研究时，只有一名博士生谢周清，如今谢周清已经是教育部长江学者，成为这个领域的学科带头人，并与更年轻的晏宏一同获得了杰出青年基金资助。朱仁斌、刘晓东、尹雪斌、汪建君、黄涛等都有了自己的研究团队，在科研道路上稳步前行。当年参与极地研究大学生研究计划和本科论文的耿雷、郝记华，从海外学成归来，成为国家级优秀青年人才，一批更年轻的学者正在成长起来，继续活跃在极地和南海研究的前沿。

1998年，孙立广负责的两个子课题持续5年，一共只有16万元研究经费。去南极前，经费还没有到位，为了尽量节省开支，妻子亲自上阵，利用家里的旧床单和布料，在缝纫机上制作了200个样品袋；为了节省路费，他往返北京时，不走京沪线只走京广线（可便宜5元钱，且不坐卧铺只坐硬座），不打出租车只坐公交车。如今，当年的学生的科研经费动辄百万元、千万元了。

"沿着前人的脚印，走出更深的脚印，是创新；踏出新的脚印，走一条自己的新路，更是创新。"在南极雪山上行走，孙立广悟出了一个道理：沿着前人的脚印走要轻松些，但永远走不出自己的脚印。

在他看来，虽然现在仪器先进了，野外工作条件也好了，经费更充足了，但是千万不能忽视对野外思考问题能力的培养。因为只有在野外，才能发现新的问题。他同时希望科学界能够给予"另类思维"更多的包容和空间，毕竟百花齐放才能有创新。

南极也有鸟语

提及南极,很多人首先想到的是憨态可掬的企鹅、缱绻慵懒的海豹、好吃懒做的贼鸥。在这些动物中,企鹅、贼鸥等鸟类是南极地区最重要的一种生物资源,也是最主要的动物类群之一。据统计,目前南极地区记录到的鸟类有 40 多种,总数量达几亿只。与其他地区相比,南极鸟类虽然种类少但数量多,且在南极地区的生态系统中发挥着十分重要的作用。因此,开展鸟类研究历来是世界各国南极科学考察的一项重要内容。

首次系统性研究南极鸟类

1993 年 11 月 18 日下午,作为中国第 10 次南极科学考察队成员,北京师范大学的青年教师张正旺(现任国际鸟类学家联合会委员、中国动物学会鸟类学分会主任委员、北京师范大学教授)告别亲人,乘坐飞机离开北京,开始了前往南极长城站的行程。

这是一次多学科的综合考察活动。

张正旺当时的研究课题是"南极鸟类在陆地生态系统中的地位与作用"。这个课题是国家海洋局第一海洋研究所专家吴宝铃主持的国家"八五"攻关项目"南极重点地区生态学研究"的一个组成部分。作为一名生物学工作者,在接下来的 3 个多月里,张正旺的

◎ 致命的吻(朱亲耀摄)

主要工作内容是对栖息在长城站及其周围地区的鸟类进行考察和研究。

国际上对南极鸟类考察和研究的历史最早可以追溯到19世纪中叶。从那时起直至20世纪50年代，南极鸟类的主要研究内容是分类学研究、区系调查和一些常见鸟类的生态习性的观察和记述。

国际地球物理年（1957—1958年）以后，随着世界各国对南极科学考察的重视以及各国科学考察站的相继建成，南极鸟类研究开始进入一个迅速发展的新阶段，主要内容由原先的基础生物学研究进一步扩展到生理生态学和种群生态学研究。20世纪80年代以后，南极鸟类研究的内容更加广泛，已涉及生物学和生态学的各个领域，并开始侧重于研究鸟类在南极生态系统中的作用，以及人类活动对鸟类的影响。

在张正旺之前，我国的一些生物学工作者也曾陆续开展过一些有关鸟类研究的调查工作。例如，在区系调查方面，陈时华对南大洋局部海域的鸟类进行了统计，张春光和高耀亭对南极长城站鸟类区系进行了初步调查。在生态学研究方面，宁修仁描述了一些企鹅繁殖的生物学习性；王自磐对南极中山站的贼鸥的食性和生态习性进行了研究；程明华等人则分别对南极长城站附近的黑背鸥、南极燕鸥的声行为和鸣叫特点进行了分析；在环境监测方面，杨和福等以企鹅的血液为材料，测定了南极鸟类体内污染物的含量。

此次南极科学考察中，张正旺给自己列了4个方面的研究任务：对南极鸟类的组成、分布及数量情况开展全面调查；细致观察常见鸟类的生态习性；深入研究优势鸟类的取食生态学；评估鸟类在陆地生态系统的营养元素循环中的作用。这是我国鸟类学专业人员首次对南极鸟类进行较为深入且系统的研究，也预示我国南极鸟类学研究即将迈入新阶段。

野外考察风险重重

为保证安全，站长规定，野外考察必须3个人以上才能进行。张正旺与来自中国科学院海洋研究所的杨伟祥、中国科学院地质研究所（1999年，地质研究所与地球物理研究所整合，成立中国科学院地质与地球物理研究所）的刘嘉麒，以及北京师范大学环境科学研究所的曹俊忠一起组成了野外考察小组。虽然他们4个人为同一小组，但考察对象各不相同。接下来的2—3周，他们对长城站所在的菲尔德斯半岛进行了全面的考察。

因为南极天气变化无常，在南极开展野外考察，不仅困难很多，还十分危险。有一次，张正旺一行乘小艇到菲尔德斯半岛对面的纳尔逊岛去考察，出发时阳光明媚，气象预报也说当天是一个好天气。谁知小艇刚刚走完一半的航程，天气突变，阴云骤然而至，风力也迅速加大到六七级。大家乘坐的小橡皮艇在苍茫的大海之上，犹如一叶扁舟，一会儿被几米高的巨浪高高举起，一会儿又被重重地摔入浪峰之间的幽谷，真可谓险象环生。大家全都紧紧地抓住缆绳，拼命力保小艇不翻。经过一个多小时的生死考验，小船终于靠上了岸，而此时大家一个个都精疲力竭、喘息不定，身上的衣服也被海浪打湿了。

为数不多的晴天是科研人员开展野外调查的最理想时间，然而强烈的紫外线会烧灼手和脸。每次考察归来，大家的脸都会被晒黑一层，晚上睡觉时脸还火辣辣地疼。

去海岛考察还需掌握海水的潮汐规律。有一次，张正旺和杨伟祥一起进行野外考察，杨伟祥因为忙于观测海豹而忘了涨潮的时间，结果潮水漫过了连接小岛与岸边的长堤。杨伟祥只好脱掉裤子，蹚着没膝深的刺骨海水回到岸边。倘若回来得再晚一点，恐怕他只有靠手中的无线电对讲机来呼救命了。

通过考察，他们在3周内走遍了菲尔德斯半岛上每个能够到达的地方，获得了大批第一手科学资料。

首次利用红外相机自动监测南极雪鹱

2018年12月初，张正旺奔赴中山站开展鸟类科学考察。这是他第3次踏足南极，摸底南极环境的变化，并探析这些变化给生活在那儿的鸟儿们产生哪些影响。

中山站地处东南极大陆拉斯曼丘陵，位于南极圈之内、普里兹湾东南沿岸,是南极大陆上少数裸露出岩层的地方。这里的地貌特征正中雪䳍"下怀",成为筑巢繁殖的绝佳地点。

雪䳍属于䳍形目鸟类,羽毛洁白,因此得名"雪䳍",也有人称之为"雪海燕"。凭借高贵典雅的羽色与灵巧可爱的身姿,雪䳍被公认为南极最漂亮的鸟类之一。因其一生多与冰雪为伴,有人赋予它童话里的名字——"白雪公主"。这种鸟类一年四季都栖息在南极大陆边缘及岛屿上,即便是冬天也不进行长距离迁徙,只活动在有浮冰分布的海域。

如何在寸草不生的崖壁上找到雪䳍巢呢?张正旺有一个简单的方

◎ 在中山站附近拍摄的雪䳍(张正旺供图)

法——找雪䳭的粪便。雪䳭在巢区附近活动时，经常会留下一些白色粪便。这些粪便成了雪䳭"家门"的"门牌"。

找到雪䳭后，张正旺用记号笔在这处岩石上作了标记，方便日后跟踪调查。此次南极度夏考察时，他一共在中山站附近找到了470个雪䳭巢，并在中山站附近的研究区域设置了15台红外相机，用红外相机对其中一些巢的繁殖状况开展了连续监测。这是我国首次利用红外相机在南极自动监测雪䳭繁殖情况。

红外相机外观像一个绿色铁盒，里面装有摄像头和存储卡，可每隔几分钟拍摄一张照片或一段视频。与可见光相比，红外线拥有更强的穿透能力，适用于在黑暗的环境下拍摄，例如光线较差的岩石缝。通过红外相机可以排除人为观测的干扰，观察到动物在自然状态下的行为特征。例如，在中山站极昼期间，雪䳭通常在22时以后活动较为频繁。

借助红外相机拍摄的视频，张正旺发现了一些悲伤的故事。

成鸟可能是在觅食时遇到了恶劣天气，一两天后才回来。饥饿难耐的雏鸟拼命在巢边叫唤。当在外觅食的成鸟终于归来，发现雏鸟已经死亡时，不停发出哀鸣，守在雏鸟尸体旁不愿离开。

这些视频展现了大自然残酷的一面。张正旺的统计数据显示，尽管中山站的雪䳭孵化成功率达到了90%以上，但雏鸟的成活率还不到40%，充分说明了雪䳭在极地生存的艰辛。

◎ 黑背鸥（柴建胜摄）

通过研究，张正旺发现，有些鸟类的数量在增加，如南极长城站地区的白眉企鹅（又名巴布亚企鹅）；但更多的种类数量在减少，如阿德利企鹅、帽带企鹅和花斑贼鸥、巨海燕等鸟类。

他还注意到了另外一个显著的变化：南极观光旅游逐渐流行，客流量增加非常显著，人类活动对南极鸟类造成了很多影响。

南极大部分鸟类属于候鸟（企鹅中帝企鹅属于留鸟，是唯一在南极大陆沿岸一带过冬的鸟类），因此，保护它们赖以生存、繁殖、越冬的生态环境就显得格外重要。南极的企鹅很少见到人类，一般不会躲人，有些个体甚至对人类表现出好奇，所以表面上看，企鹅是不怕人的，但科学家通过研究发现，当企鹅距离人类很近时，尽管其外表看不出异常，但科学仪器监测结果显示，它们会心跳加快，紧张程度明显升高。如果有人试图进入其繁殖地，正在孵卵或育雏的企鹅会作出激烈反应，大声鸣叫，并攻击入侵者。如果长期近距离接触企鹅，极有可能会影响其正常的行为活动，也会对其繁殖成功率产生负面影响。

所以，科学家提醒游客，拍摄企鹅、海豹等野生动物一定要遵守南极环境保护有关条约规定，禁止追逐、驱赶、恐吓南极鸟类。建议大家在拍摄企鹅时，与其保持一定的安全距离（非繁殖期的企鹅，距离不少于 5 米；正在繁殖的企鹅，应在 100 米以上），尽量不干扰它们正常的生命活动。

对研究者而言，极地区域的鸟类

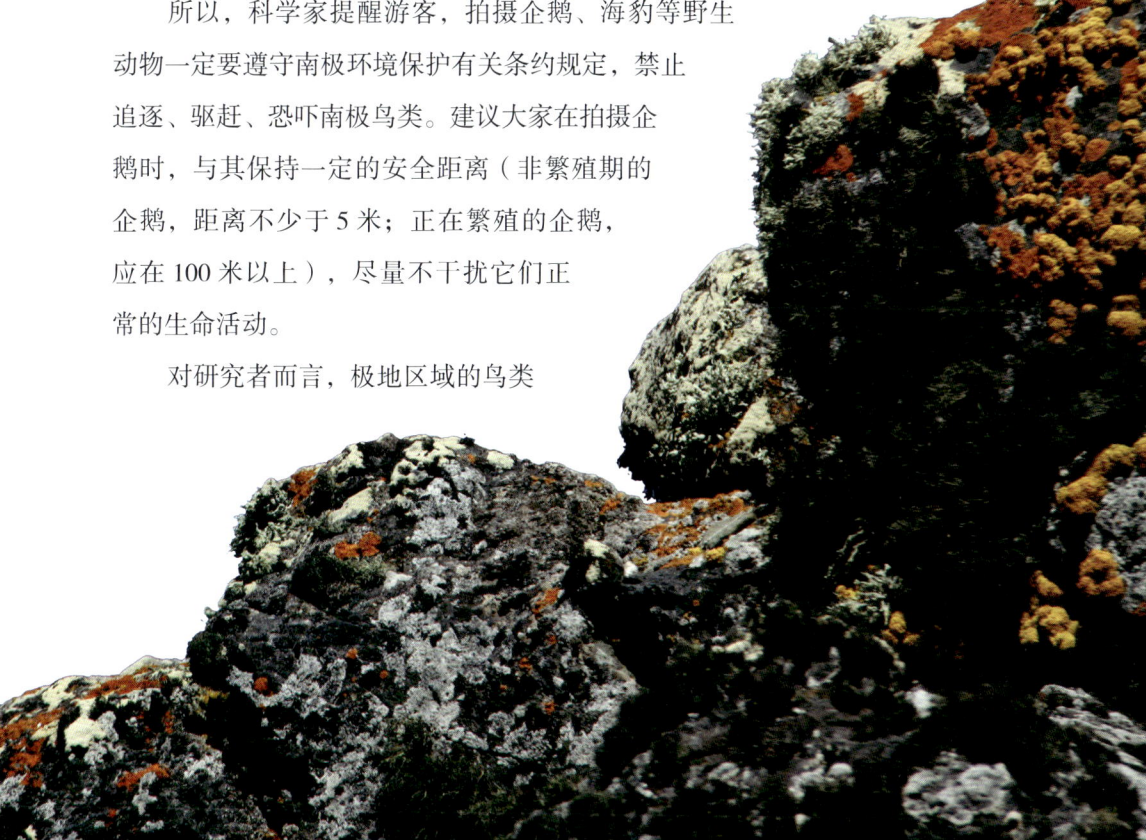

研究资料仍然稀少。自2013年以来，北京师范大学每年都派人参加极地科考，张雁云教授、邓文洪教授曾多次参加南极考察。北京师范大学鸟类学团队也成为我国南极鸟类研究最重要的力量。目前，北京师范大学鸟类学团队对南极的考察和研究仍然在持续，主要内容是对一些重点区域的鸟类种类分布以及繁殖成功率的调查和监测，探讨鸟类种群维持和发展的规律，同时也会从鸟类的研究扩展到对南极生态系统的调查和监测，并提出相应的南极生态保护管理策略等。

没有"厚大衣"，南极鱼为何不怕冷

在电影《南极之恋》中，男女主角发生意外，不得不相依为命，互相支持活下去。片中男主角负责打野，而女主角负责看家。因为食物有限，影片中男主角不得不在海面上钓鱼。其实，根据南极环保条约规定，南极脊椎动物均受到法律保护，钓鱼并不被允许。当然，受科学家委托采集样品除外。

中山站的钓鱼地点在距离站区约500米的熊猫码头。到了目的地，垂钓者先用手摇钻在冰面上打两个直径七八厘米的洞，然后将肉挂在鱼钩上作为诱饵，接着把鱼钩放下去，最多时一下可拉上三四条鱼。

中山站附近的多是小鱼，最重的约0.25千克。长城站附近的鱼的品种不一样，一般在0.5千克左右，大的约2千克重。在长城站钓鱼是在海边的石缝中钓，鱼都躲在石头底下的洞中。只要把鱼钩放在它们嘴边，它们就会上钩，很容易钓。正因如此，大家把南极的鱼叫"傻鱼"。最典型的例子是，当把鱼拉出水面再放入水中后，把鱼钩再放在它嘴边，它还会上钩。

这些鱼成为开展科学研究的宝贵样品。对科研人员来说，南极鱼有着特别的意义。

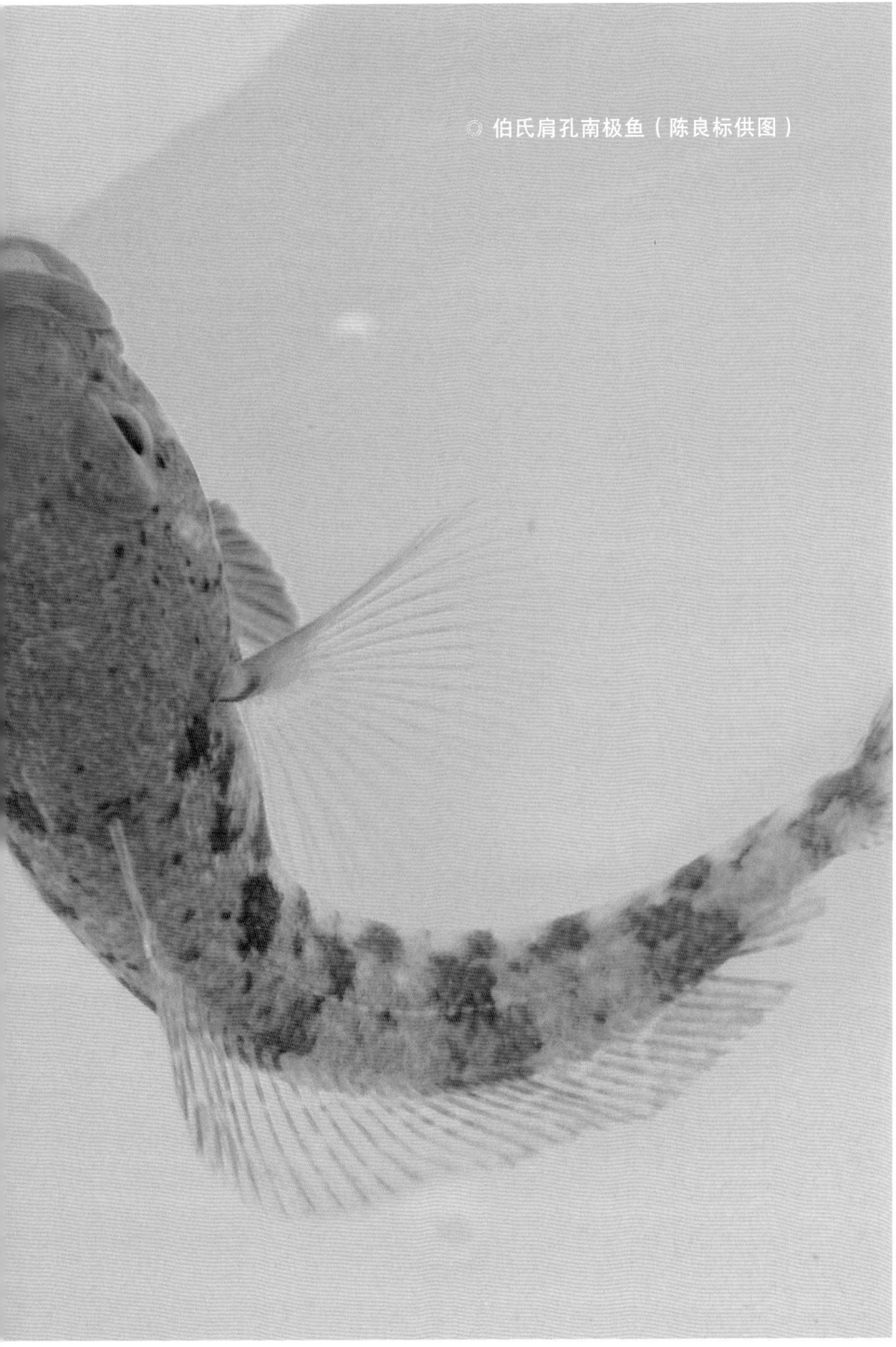

◎ 伯氏肩孔南极鱼（陈良标供图）

第9章
生态前哨

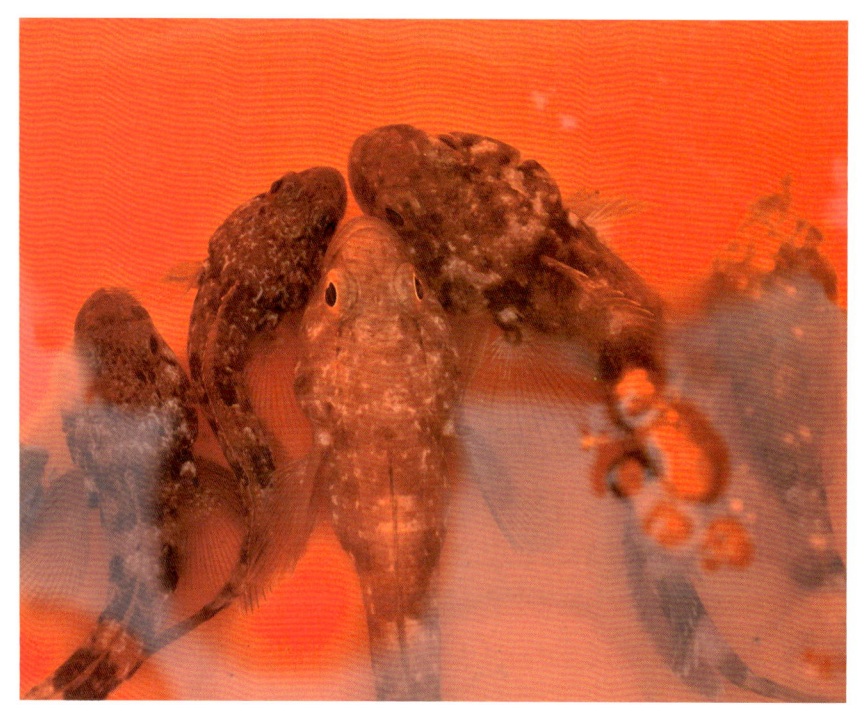

◎ 伯氏肩孔南极鱼（陈良标供图）

寻找防止结冰的物质

南极是地球上最冷的地方，围绕南极洲的南大洋是地球上最冷的水域，在南极大陆架周围的海水温度常年维持在0摄氏度以下，并被冰雪覆盖。

生活在这里的动物往往有厚厚的皮毛和脂肪，比如企鹅的皮下脂肪就仿佛一件"厚大衣"，为企鹅御寒。然而，没有"厚大衣"，有些生物在南极也生活得很好，比如南极的鱼，不仅没有被冻成冰块，还若无其事地游来游去、繁衍生息。以世界上最不怕冷的南极鳕鱼为例，这种鱼体形较粗、较胖，表皮呈自然的带有黑褐色斑点的银灰色。它们主要生活在南极附近比较寒冷的海域之中，甚至包括位于南纬82度的罗斯冰架附近。

作为一种变温动物，鱼的体温会随着水温的改变而改变，变得和水温一样，以此来适应周围的环境。鱼类生理学的研究结果表明，一般鱼类血液的冰点是零下 1 摄氏度左右。也就是说，如果温度降到零下 1 摄氏度以下，鱼就会被冻成"冰棒"。

南极海水的温度常年低于这个冰点温度，为什么这里的鱼不怕冻呢？1970 年，任职于美国伊利诺伊大学的亚瑟·德佛瑞斯教授通过研究发现，与其他地区的鱼相比，生活在南极的鱼血液中有一种特殊的成分——糖蛋白，以它为主要成分的一种特殊的糖基化蛋白质可以帮助这些鱼面对寒冷。这种抗冻蛋白质是一种高分子蛋白质，能与冰或水相互作用，降低水结冰的温度，使体液在冰点以下还处于液体状态，维持生命过程。此外，它们还能随着海水温度的变化而自动调节。夏天，抗冻蛋白停止产生，直到冬天才继续发挥"魔力"。德佛瑞斯也因此成为世界上首位发现鱼类抗冻蛋白的生物学家。

后来，科学家们又在极地的多种鱼类和昆虫中发现组成和结构完全不同的蛋白质，这种蛋白质也可以帮助极地鱼类和昆虫抵抗冰冻的环境。

1991 年，陈良标（现为上海海洋大学教授）获得美国伊利诺伊大学

◎ 尖头裸龙䲢（陈良标供图）

◎ 伯氏肩孔南极鱼（陈良标供图）

全额奖学金，师从德佛瑞斯教授。

寻找"抗冻"基因的起源

虽然鱼类多种抗冻蛋白已经被发现，但这些蛋白的基因究竟是如何起源的，一直没有答案。这也成为陈良标的研究方向。

他从克隆这些鱼类的基因入手，通过细致的研究，发现这种具有抗冻功能的新蛋白是从本来就已经存在的一个旧蛋白中一段原本无用的片段产生出来的，这是首次发现一个新基因如何从旧基因起源的过程。他把这一学术成果发表在《美国科学院院刊》上，不久，《美国科学院院刊》与《自然》杂志分别发表了评论文章，认为抗冻蛋白基因的起源是生物在自然选择压力下获得适应性基因的生动例子，被收入美国大学的《进化》（*Evolution*）教科书。

为了对极地鱼类有更深入的了解，陈良标曾先后随美国、中国南极考察队前往南极。他对极地鱼类的生理特征，以及它们如何适应冰冻和极昼环境进行了实地考察，并采集各种样本进行深入的遗传和发育的研究。在这期间，他带领团队阐析了一种抗冻蛋白基因的起源过程和机制，揭示了自然界如何通过基因复制和子基因之间的功能分化，避免适应性冲突，这一发现为基因起源理论增添了新的视角。此外，他的团队从大量复制的基因中发现，极地鱼类卵壳蛋白不仅能物理性地保护卵子孵化，还能促进冰晶融化，从而破解了南极鱼类卵子得以在零下低温里孵化的关键奥秘。

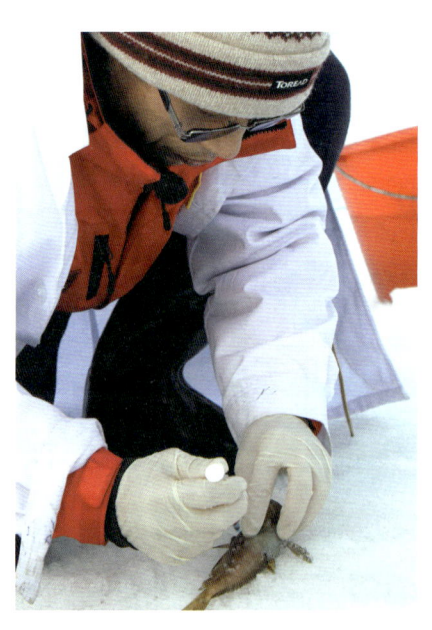

◎ 陈良标在南极中山站海域采集鱼类样本（陈良标供图）

极地鱼类在千万年冰冻环境下繁衍生息，为进化生物学研究提供了众多珍贵且独特的鲜活例证。它们不但展示了自然界的生物如何演化，更重要的是揭示了为什么这么演化。同时，这些鱼类也为人类的生活和健康提供了非常宝贵的基因和产物资源。

随着科技高速发展，近年来，人们对极地鱼类基因和适应机制的研究取得了很大的进步。目前，已经有20多种南极鱼类的全基因组完成测序，这些基因组展示了极地鱼类抵抗极地严酷环境的特殊基因武器，相关研究昭示着光明的应用前景。

例如，抗冻蛋白的热滞活性和冰重结晶抑制活性使其在冷冻保存中具有重要作用，可用于在极低温度下储存各种类型的细胞、组织和器官、鲜冷食品等，已成为生命科学、医药卫生、食品、农业等领域的关键技术。在生殖医学领域，冷冻保存是关键技术之一，可以解决不孕不育、延迟生育等问题，抗冻蛋白可应用于精子、卵子和胚胎等组织器官的冷冻保存。在外科领域，冷冻手术是目前肿瘤治疗的一项关键技术，研究报道手术前将少许抗冻蛋白注射到待切除组织中，可以提高手术成功率，减少冷冻手术后的目标组织发生冷冻损伤问题。在食品领域，抗冻蛋白作为食品添加剂可以抑制冰晶生长，改善冷冻食品的品质。在农业领域，抗冻蛋白转基因技术可有效提高包括水产经济鱼类在内的生物的耐寒能力。

目前，利用鱼类抗冻基因提升小麦、油菜等作物及罗非鱼等养殖鱼类耐寒能力的前期研究已经完成，展现出良好的应用前景。以罗非鱼为例，这种鱼类是世界性的养殖鱼类，但由于不耐低温，目前只能在我国南部省份养殖。若通过基因改良突破其低温耐受阈值，这些鱼类将能在我国北方广袤的盐碱水域中养殖，使荒芜之地变成蓝色粮仓。

对极地鱼类的深入研究，也为人类理解神经退行性疾病的形成和治疗带来新的思路。神经退行性疾病（如阿尔茨海默病、肌萎缩侧索硬化症等）是老年人的常见疾病，目前还没有有效的治疗手段。这些疾病的共同点是蛋白质的错误折叠形成无法消除的斑块而杀死神经细胞。南极鱼类在千万年的极端低温下的生存，为人类提供了一个在持续生存压力下保持神

◎ 在冰面上休憩的海豹（黄嵘摄）

经细胞内蛋白质稳态的有效机制和基因资源。认识和开发这些资源，将为人类战胜神经退行性疾病提供新的武器，陈良标的团队已经在这方面的研究中取得重要突破。

陈良标坦言，尽管南极鱼抗冻蛋白在医药、食品、农业等领域都有良好的应用前景，但目前在生产成本和产业化等方面还存在一些限制和不足，生产仅限于研究和专门的应用。因此，如何低成本地生产高活性的抗冻蛋白，如何实现在医学领域的安全运用是未来应用开发的技术关键。

不起眼的小个子，却喂饱了蓝鲸

南极还有另一类非常有代表性的生物，那就是南极磷虾。它被认为是地球上数量最大、繁衍最成功的动物。在南极食物链中，仅南极大磷虾一个种，就足以维持以它为饵料的企鹅、海豹和鲸鱼的生存和繁衍。因此，南极磷虾被认为是整个南极生态系统的基石，享有"海上金矿"的美誉。

1984年8月，南极科学考察队出征在即，承担首次南大洋科考任务的16家单位的70多人齐聚杭州，召开协调会议。参会人员里就包括中国科学院海洋研究所研究员王荣。

研究南极磷虾是王荣的夙愿。8月的杭州够热，会议气氛更热。没有推诿扯皮，只有主动请缨。大家共同的心声是：不是代表哪个研究所、哪个高校，我们是"国家队"。王荣当时在会上表态，只要单位有的仪器设备可无条件提供。

寻找"海上金矿"

作为很多鱼类和大型海洋动物的饵料，磷虾在全球海洋中都有分布。它属于甲壳类浮游动物，英文名Krill来自挪威语。全球海洋中共有85种磷虾，生活在南极海域的磷虾有7—8种。通常人们所讲的南极磷虾指的是南极大磷虾。

从外形看，磷虾与人们熟悉的对虾等甲壳动物相似，但个体一般比较小。南极磷虾体长一般为5.5—6厘米，生物量巨大，被认为是地球上数量最大也是最后一个动物蛋白库。

由于资源量特别大，早在20世纪60年代，有些国家已经开始试捕磷虾，将其作为海水养殖动物的饵料、制作保健品"磷虾油"的原料。在日本、俄罗斯和菲律宾等国家，南极磷虾还被直接食用。

开展磷虾考察，最重要的是三大件：网具、高频鱼探仪和低温实验室。当时，国际上研究南极磷虾用的网具都很先进，有声控的，也有电控的。前者在水上和水下都需要配置声学装置，后者需要铠装电缆（一种能承担大负荷的电缆），国内都不具备条件。

在出发前，王荣选定一种相对简单实用的 IKMT 网，并委托上海渔机所专门研制一台 200 KHz 的鱼探仪，此外还委托青岛制冷机械厂专门制作了两台集装箱式的低温实验室。

1984 年 10 月 31 日，王荣刚把一批大型器材送到上海海洋局东海分局码头，突然接到哥哥从济南来电，说父亲心脏病突发去世。青岛济南近在咫尺，考虑再三，王荣还是没回去。

我国首次南极科学考察的核心任务是建立"长城站"。建站开始后，南大洋考察队白天参加卸货，考虑到要在乔治湾里待一段时间，不甘心光当搬运工，夜间别人休息了，他们在拖网，抓住宝贵的每一分每一秒，尽早开展工作。

船在锚泊状态只能做垂直拖网。用来捕获磷虾的网具是专门设计的，呈圆锥形，大家先用电动绞车放到 50 米深处（磷虾一般活动在 40 米以上），再以 1.0 米/秒的速度提上来。开始几天一个晚上拖几十网，一无所获。不过王荣不死心，终于在 1984 年 12 月 29 日捕到了 1 条，第二天又捕到了 12 条，第三天竟然捕到了满满的两水桶。

卸货、建站用了 20 多天，给大洋考察留下的时间不多了。1985 年 1 月 19 日晚 10 时，卸完最后一批货，"向阳红 10 号"立即顶着 21 米/秒的大风出海，开始南大洋考察。

最初，鱼探仪上的影像就像幽灵一样，时隐时现。到了乔治王岛北面 06 站，浓密的影像出现了。王荣分析，这一带是磷虾的密集区，影像应该是虾群，但就是捕不到虾。

经过仔细分析，王荣判断，极有可能是水层控制不对。当时没有实时监测网具深度的仪器，拖网深度是根据拖速与绳长的关系推算的，可能用的关系式不准确，需要重新测试。这要占用考察时间，但问题不解决，磷虾考察任务就难以完成。领队考虑再三，最后同意测试。

王荣花 3 个小时重新测了一遍，发现以前用的关系式确实存在较大的误差。用正确的关系式放出钢缆,15 分钟后收网,当红彤彤(活的南极磷虾是红色的)的磷虾被拖出水面时,甲板上一片欢腾。成功了,这一网 10.3 千克!一连拖了 16 网,最多的一网捕了 21 千克。

在首次南极科学考察中,南大洋考察队成绩斐然,1987 年完成的《南大洋考察报告》还获得了国家科学技术进步奖二等奖。

复眼破解负生长之谜

1989 年,孙松(中国科学院海洋研究所原所长,曾担任国家重点基础研究发展计划项目首席科学家)考上了王荣的博士研究生,与南极结缘。同年,作为访问学者,孙松选择前往南极磷虾研究的理想之地——澳大利亚南极局,那里有世界上最好的培养南极磷虾的设施和技术人员。

很多人会问,南极磷虾的生物量到底有多大。在孙松看来,这是一个非常重要的问题,也是一个非常难回答的问题。

生物量调查结论显示,南极磷虾的生物量为 5.5 亿—10 亿吨。但由

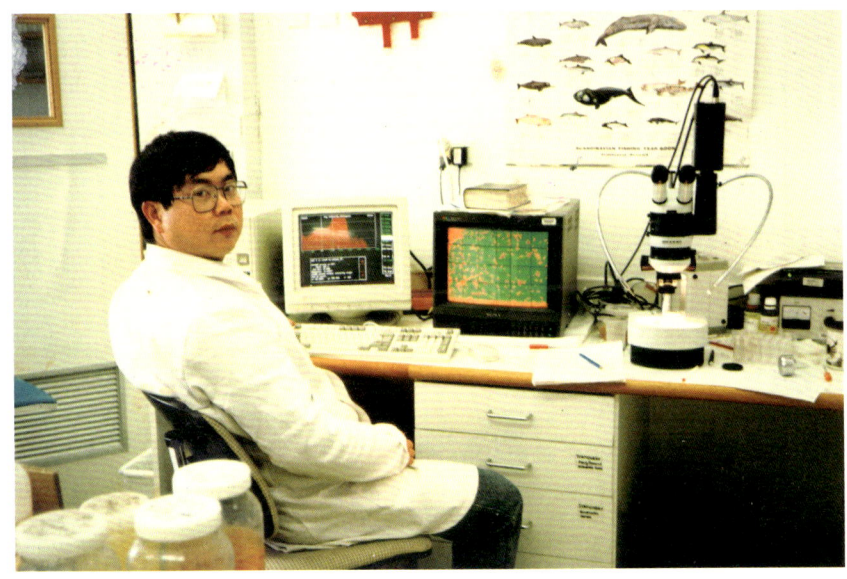

◎ 1992 年,孙松在澳大利亚南极局用图像分析仪研究磷虾复眼与年龄关系的工作照(孙松供图)

于该调查只对 1/8 的海域进行了声学调查，考虑到南极磷虾生物量的年际变化很大、磷虾块状分布的特点、调查区域的代表性，以及声学探测设备目标强度的准确性等原因，研究磷虾捕食者的科学家认为这一数字偏低，因为它不足以维持南大洋生态系统上层消费者的消耗。

有人根据一条鲸鱼一天需要消耗多少磷虾，以及南大洋中鲸鱼、企鹅、海豹和乌贼等生物的数量，推算出南大洋磷虾总量超过 100 亿吨。但有人质疑这个数据偏大。

2008 年，德国和美国的科学家根据 20 世纪在南大洋进行的南极磷虾拖网调查数据、声学探测数据、南极磷虾的生长模式等进行综合分析，认为南极磷虾的生物量在 3.42 亿—5.36 亿吨。尽管数据仍然存在不确定性，但业内人士都认为，这个数值已经比较可靠，甚至可以说是一个比较高的估计值。

南大洋生物资源保护组织（CCAMLR）专家们的态度是，在没有完全弄清楚南极磷虾数量的情况下，宁可将南极磷虾的评估量说少一点，这也

◎孙松在实验室对磷虾进行解剖和测量（孙松供图）

有利于南极磷虾资源保护。一旦南极磷虾资源遭到破坏，整个南大洋生态系统会遭遇灭顶之灾。

人们对南极生物资源的破坏有着惨痛的历史教训。20世纪30年代开始的大规模南极捕鲸活动，让很多鲸类在短短几十年内灭绝。尽管后来人们对南极鲸类进行了严格的保护，但直到现在，鲸类资源也没有得到恢复。此外，鲸类等属于顶层生物，资源遭到破坏后，不至于导致生态系统崩溃，而一旦作为底层生物的南极磷虾资源被破坏，对南大洋生态系统带来的影响将是毁灭性的。

每年捕捞量控制在多少，才不会破坏南极磷虾资源？在孙松看来，这涉及对南极磷虾种群结构的分析和种群补充量的计算。要开展这方面的研究，首先要知道南极磷虾种群的年龄结构，通常情况下，用磷虾的体长来测定磷虾的年龄。但与其他的甲壳动物相比，南极磷虾具有一个很重要的生物学特征：在环境不利的情况下，身体会负生长，也就是越长越小，同时一些性别特征也会消失。

正因如此，人们会发现一个特别有趣的现象：有些在秋季已经成为成体的磷虾，经过漫长的冬季，到春天时反而变成幼体。当然，这些磷虾只是看起来像是幼体，其实仍然是成体。并不是每个区域的磷虾经过冬季后都会负生长，即使发生了负生长，不同区域、不同年份负生长的程度也不一样。所以，以体长作为磷虾年龄划分标准获得的磷虾种群年龄结构就不准确了，这会影响对磷虾种群补充量的估算，进而影响对南极磷虾可捕获量的估算。

如何判断南极磷虾是否出现了负生长，负生长的程度有多大，如何鉴定南极磷虾的年龄？秘密就隐藏在南极磷虾的复眼中。

南极磷虾的复眼由约8000个小眼组成，随着年龄的增长，小眼的数目会发生变化，但是值得注意的是，即使磷虾经历负生长，小眼的数目也不会随之而减少。进一步研究发现，南极磷虾的复眼直径同样不会随着负生长而发生改变。利用南极夏季获取的磷虾复眼中的小眼数目与体长之间的比率构建一个正常分布曲线，然后用不同季节和区域获取的比率进行对比，就能判断磷虾是否产生了负生长，以及磷虾的原始大小。同样地，利用复眼直径与体长之间的比率，也能获取相同的信息。进而，科学家通过对比同一区域不同年份的数据，便可获取南大洋环境的年际变化信息。而在同一年度对不同区域的数据进行分析，则能够获取地区环境变化信息。因此，科学家将南极磷虾作为南极环境变化的指示种。值得一提的是，这项在国际上颇具显示度的工作，就是由孙松领衔的团队完成的。

商业开发尚未成型

自从南极磷虾的巨大生物量被认识后，人们就一直在探索如何将其作为一个具有商业开发价值的捕捞对象来进行大规模捕捞。

南极磷虾的渔业开采始于20世纪70年代，在80—90年代鼎盛时期，每年捕获量曾经达到50万吨，其中90%被苏联捕获。

南极海洋保护公约统计公报显示，2018—2023年，南极海洋生物资源保护委员会中的8个成员国开展了南极磷虾捕捞，其中磷虾捕捞最多的国家是挪威，占全球磷虾捕捞的58%，其次是韩国（19%）和中国（10%）。

◎南极磷虾（中国极地研究中心供图）

磷虾的年捕捞量也从 2010 年的 20 万吨上升至近两年的 30 万吨。

为了更科学地开发利用南极磷虾资源，需要基于磷虾种群变动模型设置捕获上限。最大捕获量是通过改变磷虾种群变动模型中一些基础信息参数（如磷虾种群补充量、磷虾生长率、磷虾存活率），经过上千遍的重复计算得出。借助该模型，我们可以预测磷虾种群在未来一段时间内的种群范围，从而指导不同区域的捕捞限度，保证南极磷虾种群的可持续发展。目前，在大西洋扇区磷虾捕捞的主要集中区域，所设定的捕捞上限是 560 万吨 / 年。

过去，人们担心南极磷虾渔业会过度发展，但从目前来看，这种情况并没有出现。孙松分析，一个重要原因是南极磷虾的利用和捕捞成本问题。南极生物资源保护组织对南极的渔业活动有着严格规定。而且南大洋开展渔业作业只能选在南极夏季，作业时间相对较短。另一个原因是，磷虾的个体并不大，加工出来的磷虾肉就像煮熟的米粒一样，口感并不是特别好，与对虾、龙虾、鹰爪虾等相比，目前并不具备竞争力。此外，南极磷虾的重要用途是作为鱼类饵料，由于磷虾体内氟的含量比较高，与一般鱼粉的价格和近海磷虾资源相比，竞争力并不强。目前南极磷虾主要用于提取磷虾油，作为保健品使用，但是市场需求有限。

正因如此，过去几十年中，尽管很多公司兴致勃勃地到南极开展捕捞磷虾的活动，但最终因无利可图或者利润微薄而选择放弃。

◎冰清玉洁（李锐祥摄）

———————— 第 10 章

穿洋越海
劈波斩浪向深蓝

在浩瀚无垠的极地海洋深处，隐藏着无数令人向往的奥秘与挑战，从南极磷虾这一关键生物在南大洋生态系统中的重要角色，到对北极气候变化趋势的深入探索，大洋调查始终是我国极地科考中极为重要的征程。

早在1984年，我国便在首次南极科学考察中组建了"南大洋考察队"，对南极半岛附近的南大洋展开了综合性、多学科的科学考察。这场考察不仅揭开了我国对极地海洋探索的序幕，也标志着我国在全球海洋科学研究领域迈出了坚实步伐。

40年风雨兼程，我国在极地大洋调查方面取得了举世瞩目的成就。从生物学到物理海洋学，再到化学海洋学等方面开展了大量研究工作，积累了诸多宝贵数据和经验。特别是在南北极环境综合考察与评估专项支持下，大洋调查的触角从南极伸向北极。截至2024年年底，我国已陆续开展了14次北冰洋科学考察和20个年度的北极黄河站科学考察，深化了对北极的了解和认识。同时，在船基平台基础上，我国还发展了潜标、浮标等多种原位观测技术，形成了多学科海洋观测系统平台。

◎ 吹雪（夏立民供图）

239

第 10 章
穿洋越海

然而，大洋调查是一份辛苦与浪漫交织的工作，它呼唤着科研人员直面风浪的勇气，考验他们冰站作业时防熊的智慧与胆识，同时也馈赠其大海静谧时的美景……正是这群勇敢的闯海者，让人类对极地的认知变得更立体、更充分。

挺进南大洋

在位于杭州保俶北路 36 号的海洋二所大院里，矗立着一块南极石，它采自东经 76 度、南纬 69 度的极寒之地。石下碑文写着："上世纪 80 年代初，来自海洋二所的科学家代表中国第一次踏上南极洲，拉开了我国南极科学考察的序幕。"

碑文提及的来自海洋二所的科学家，就是董兆乾。

大学时代，董兆乾学的是物理海洋学专业，主修第一外语是俄语。后来，他硬是凭着几年的努力攻下了英语。1979 年，澳大利亚政府邀请中国派两名科学家参加其南极考察队，国家海洋局得到一个名额。经过几个月的选拔，董兆乾从国家海洋局 2 万名候选人中脱颖而出，并最终与来自中国科学院的张青松一道，组成极地考察二人组，董兆乾任组长。当年，董兆乾 40 岁。

在此次南极考察中，董兆乾与张青松认真地考察、收集有关南极的大量参考材料。回国后，他们向国家提交了 5 万多字的综合考察报告，为我国组织南极考察、派出首次南极科学考察队和制定建立南极考察站计划，打下了坚实的基础。

1984 年 11 月 20 日，"向阳红 10"号远洋科考船和海军"J121"号远洋打捞救生船从上海出发，中国的第一次南极科学考察由此开启。而在首次南极科学考察中，有一支队伍叫"南大洋考察队"，其主要任务就是对南极半岛附近的南大洋进行综合性多学科的科学考察。

南大洋考察队共有 74 名队员，来自海洋二所的就有 26 人，占比超过了三分之一。该考察队队长是时任海洋二所副所长金庆明，副队长之一是时任科技处处长沈毅楚。此外，来自海洋二所的科研人员还担任了海洋生物组、海洋水文组、海洋化学组、海洋地质组组长，以及海洋地球物理组副组长，是中国首次南极科学考察队的主力和核心力量。

年仅20岁的杨关铭是首次南极科学考察队中最年轻的队员。他至今记得，临行前，来自海洋二所的首次南极科学考察队员每人获得一份福利——定做了一身西装。临行前，大家合了张影，科考队员统一着装，胸前佩戴大红花，有领导前来饯行，有少先队员为他们戴上鲜艳的红领巾，场面非常热闹。

经过长途跋涉，1984年12月31日，在南极洲的乔治王岛上，中国南极长城站迎来隆重的奠基典礼，五星红旗首次在南极洲上空高高飘扬。奠基典礼后，两条考察船全力以赴卸载建站物资，所有队员轮番上阵。海洋二所的科技工作者还给长城站附近的一个小淡水湖泊起了个家乡的名字：西湖。

1985年1月19日，南大洋考察队乘坐"向阳红10"号前往南极半岛海域。在浩瀚的大洋上，科考队员不怕晕船、不畏严寒放仪器、下网具、吊抓斗，日日夜夜地观测作业。1月24日，考察船第一次挺进南极圈，深入到南纬66度54分。

在进入南极圈的短短17天里，队员们遇到了8个极地气旋风暴。当时南大洋考察的气象保障主要依靠接收美国卫星云图，船上的气象专家于每天2时和14时各接收一次卫星云图，根据卫星云图判断哪个地方可能形成气旋，就避着走或采取防范措施。

1月25日海况趋坏，风力超过10级，导致考察船没能及时接收到卫星云图，这也意味着接下来的12小时里，船只随时都有可能碰上极地气旋（也就是台风）。不幸的是，一语成谶。1月26日，"向阳红10"号在南极的别林斯高晋海，遭遇12级以上极地气旋的袭击。这条140多米长的万吨巨轮被巨浪拍击得前后左右疯狂摇晃，巨浪时而翻过10米高的飞行甲板，时而将推进器（螺旋桨）抛出海面，导致主机空转飞车9次，舵效失灵。

◎ 海洋二所首次南极科学考察队队员临行前合影（杨关铭供图）

◎ 首次南极科学考察队南大洋考察队地质组组长眭良仁在一根高约3米的不锈钢柱上，一笔一笔刻上海洋二所28位科考队员的名字，以及"中国·杭州"的字样。这根柱子后来留在了为长城站提供淡水的"西湖"边上（杨关铭供图）

当日深夜，船上的广播突然响起船长张志挺带着浓重绍兴口音的命令声："关闭所有的水密门，全船任何人未经允许，一律不准上前后主甲板……请注意，再广播一遍……"经过近9个小时的殊死拼搏，"向阳红10"号终于冲出了风暴区，逃离了鬼门关。虽然最终成功脱险，但队员们也深刻体会到南极气候的反复无常。

早在出发前，南大洋考察队员定下的测区布站面积约为30万平方千米，一个个断面、一个个测站进行调查。遭遇不测风云后，队员们不得不缩减了原有的科考计划，最终在十多万平方千米的海域完成了30多个测站多学科的科学考察，对水环境和海洋生物进行了细致的研究。

值得一提的是，首次南大洋科学考察取得丰硕成果，考察队完成了以磷虾生物资源及其环境为重点的南大洋综合考察，取得了大量的第一手观测资料和样品，完成了约40万字的《南大洋考察报告》和图集，出版了中国第一届南大洋考察学术讨论会论文专集，并在14个科研项目上取得了突破性的进展。

从分散探索走向专题攻坚

了解南大洋在全球变化中的地位和作用，对认知过去、现在的全球变化及预测未来意义重大。在首次南极科学考察队的激励下，海洋领域的科技工作者迈向极地的脚步从未停止。2011年，中国南极科考进入开展更加专题性研究的阶段。当时，我国已成功实施第4次国际极地年中国行动计划，国家层面和极地工作者开始考虑"十二五"时期我国极地事业的发展。

同年6月21日，国家海洋局在北京召开极地工作会议。这是自1984年我国开展极地考察以来召开的首次极地工作会议。正是在此背景下，"南北极环境综合考察与评估专项"（以下简称极地专项）应运而生。

极地专项是中国极地事业发展的新里程碑，也是当时中国极地领域近30年来规模最大的专项研究，旨在通过深入的综合考察与评估，全面了解极地环境的变化趋势及其对全球和我国气候变化的影响,为维护国家极地权益、促进极地科技与事业发展提供坚实的科学依据。

极地专项任务包括4项基本内容,其中第一项就是"南极周边海域环境综合考察与评估"。自实施以来,该项目取得一系列成果:

- 依托中国多次(如第28次、29次、30次、31次等)南极科学考察,在南极周边海域环境综合考察与评估项目下设7个专题。通过专题的协作调查,摸清南极周边重点海域物理海洋与海洋气象、海洋地质、海洋地球物理、海洋化学与碳通量、海洋生物多样性和生态等海洋环境要素的时空分布与变化规律,查明南极磷虾、主要鱼类和头足类资源的分布及变动规律,探索和构建南极磷虾等生物资源综合利用的技术体系,形成南极周边海域海洋环境的基础数据与图件。

- 通过中国多次(如第28次、29次、30次、31次等)南极科学考

◎ 穿梭在冰海间(付运和摄)

察，依托南极长城站、中山站、昆仑站，在南极大陆开展站基生物生态环境本底考察，冰盖断面及格罗夫山综合考察与冰穹 A 深冰芯钻探，大气、空间环境及天文观测与研究，环境遥感综合考察，摸清南极大陆冰盖、基底、大气、空间、生物生态等环境要素的时空分布与变化规律，形成南极大陆环境的基础数据与图件。

从 2012 年起，中国北极科学考察活动逐渐深入。在第 5 次北极科学考察中，"雪龙"号试航东北航道；第 8 次北极科学考察队首次开展环北冰洋考察，搭乘"雪龙"号穿越中央航道并首次试航西北航道；在第 13 次北冰洋科学考察中，考察队搭乘"雪龙 2"号到达北极点。截至 2024 年年底，我国已开展了 14 次北冰洋科学考察和 20 个年度的北极黄河站科学考察。

毫无例外，每次北极科学考察都会设立一个大气 – 海冰 – 海洋综合

考察长期站和若干个短期站（短期冰站是指持续数小时、以基础环境数据和样品采集为主的冰站；长期冰站是指持续数天、以过程观测和研究为主的冰站），以深入开展类似南极的综合考察与评估的专项工作，重点关注与研究北极海冰变化、气候变化趋势。

在北冰洋浮冰上建立观测站，对于研究北极快速变化至关重要。自2008年起，我国北极科学考察队就开始在北极布放通过卫星传输资料的自动气象观测站。然而，随着北极变暖，夏季海冰融化速度加快，海冰变得支离破碎，给建站带来了极大的挑战。

在选择浮冰建站时，出于安全考虑，要权衡多个因素。首先，用于建站的浮冰要相对平整且有一定厚度，同时海冰表面不能有过多融池和冰裂隙；其次，浮冰要有一定的面积，这样在夏季相对不容易融化，并能被划分出相互不会受影响的不同考察作业区；最后，要选择纬度相对较高的区域，以延长无人观测设备的运行时间。

尽管在布站时找到了合适的浮冰，但海冰的复杂性和不可预测性仍会给后续的工作带来重重困难，如无人观测设备在后续的运行中，可能还会面临冰面开裂等各种风险。中国气象科学研究院原副院长卞林根研究员对此深有体会。他们依托我国北极科学考察先后布放了多套漂流自动气象观测设备，最短的只"存活"了5个月，长寿的也仅一年左右。

这并非个案。在中国第3次北极科学考察中，赵进平和李志军乘直升机在广袤的冰原上寻觅，终于选定一块几平方千米的浮冰作为建站点。然而，当他们开始建站时才发现，这块浮冰也并不完整，海豹不时从冰间水道冒出小脑袋。这可不是个好征兆，果然，三三两两的北极熊来扰乱他们的工作了。

没有亲眼见过北极海冰的人，很容易根据视频把它理解成光头戴着一顶完整的白色瓜皮帽，简单得有些纯粹。对此，李志军却有不同的见解。他深知，哪怕是在严冬时节，北冰洋的海冰也并非静止不动，而是在风和流的作用下漂移不定的，由此形成一块块大大小小的浮冰，它们拼凑到一起，才构成了神秘而复杂的北冰洋海冰。

◎ 洋底沉积物柱状取样（夏立民供图）

从1999年中国首次北极科学考察至今，李志军深刻感受到了北冰洋海冰的惊人变化，且这份"感受"并非个案。大陆地区加速"绿化"、亚北极种类北移等现象，无不诉说着全球变暖对全球生态环境产生的深远影响。这也更加凸显北极科考的意义——通过现场科学考察，系统掌握北极生态系统特征并预测其潜在变化，为北极熊等关键物种的保护提供科学依据，为全球升温背景下其他地区生态系统的未来变化趋势提供参考。

在深入了解北极的过程中，我国科研工作者付出了巨大的努力。他们自主研发了海冰漂流气象站、海冰物质平衡浮标、海冰无人冰站观测系统等一系列冰基自动化观测设备，开展了长期连续的北冰洋中央区无人值守观测，并作为主要参与国成员参加了迄今最大的北冰洋中央区国际合作项目——"北极气候多学科漂流冰站观测计划"的现场观测，从不同时空尺度揭示了北极海冰的变化机制。

作为"近北极国家"，北极的自然状况及其变化对中国的气候系统和生态环境有着直接的影响，因此开展北极研究还对认识极地系统和整个地球系统都具有重要的科学意义。近年来，随着人为排放二氧化碳的增加，大气中二氧化碳浓度持续攀升，海洋因此吸收了更多的二氧化碳。这虽然在一定程度上减缓了温室效应，但也引发了另一个严重的问题——海水变

◎ 海洋调查（夏立民摄）

◎ 中国第 2 次北极科学考察期间,海洋化学组正在取水样(中国极地研究中心供图)

"酸",即"海洋酸化"。

海洋酸化对海洋生物构成了巨大威胁,特别是那些依赖坚硬外壳生存的贝类生物。酸性海水导致贝类生物外壳变薄、变脆,影响其生存。针对这一问题,我国科学家利用"雪龙"号等考察船的走航观测资料,发现北极升温导致海冰消退,北冰洋更容易吸收大气二氧化碳,其酸化速率远高于其他大洋,居全球首位。通过一系列的北冰洋航次考察,我国基本掌握了北冰洋,特别是太平洋扇区的生态环境特征及其变化趋势。

2021 年,在中国第 12 次北极科学考察活动中,围绕应对气候变化、保护北极生态环境等目标,科研人员在北极公海区域采取走航观测、断面调查等方式,获取了大量北极海洋水文、气象、生物等数据资料。

与此同时,我国科研人员聚焦国际科学前沿问题,在加克洋中脊区域开展了大规模海底综合地球物理探测,打破了国际上北极高纬密集冰区无法开展海底地震仪探测的断言,观测到强烈岩浆活动、微地震和异常地壳结构,完成了全球洋中脊岩石圈结构的"最后一块拼图"。

从中国第 12 次北极科学考察归来后,中国工程院院士、海洋二所研究员李家彪团队精心撰写并发表了论文《洋中脊深部碳是如何循环的》。在这篇文章中,他生动地描述了北极这一独特的"盆"景象:上面有冰盖,里面的洋流很弱，但是下面有大量的热液活动，热液喷发出来很多含铁、锰等元素的物质，它们在一个相对贫瘠的环境下聚集起来，当环境中铁、锰元素充足时，便会促进生物繁殖，有些寡营养区域正是通过"铁施肥"来增加生物的活跃程度，进而增强碳的固定能力。在这个封闭的"器皿"里面，我们可以研究海底的活动如何影响到底层海洋，再影响到上层海洋，最后通过冰盖，影响到外面的大气这一过程。

李家彪同时提出，研究洋中脊深部碳循环机制，不仅是了解地球从深部到浅部物质和能量循环的重要窗口，也是应对气候变化、参与全球治理并发挥引领作用的重要抓手，具有广阔的发展前景。

万里"看海"的辛苦与坚持

极地科考看天吃饭，与海洋打交道的大洋调查更是如此。

在每次考察中，船一出发，大洋调查就紧锣密鼓地开展起来。通常情况下，在考察队完成上站（考察站）工作后，大洋队就要正式"下海"了。

至今我仍对中国第 27 次南极科学考察队的"下海"经历印象深刻。当时，与我同宿舍的是厦门大学研究生张馨星。从一楼的生物实验室到五层的宿舍，张馨星只需步行百余步，当然，坐电梯更省事，但自埃默里冰架前缘断面、普里兹湾定点调查开展以来，她从来没回来过，宿舍成了我一个人的地盘。

在连续 40 多个小时里，张馨星和其他 17 名大洋队队员并肩作战，回宿舍睡觉成了奢望，困的时候他们就在实验室的凳子上眯会儿。

普里兹湾、埃默里冰架前缘及前缘分布的冰间湖海域，已被我国科研人员选为长期观测区域。时任大洋队队长张永山已是第 8 次征战南极，对作业站位的设置早已烂熟于心。为了深入了解近期在埃默里冰架外缘发现的一些现象，加强冰架-海洋相互作用研究和基础数据的积累，在站位设计时他增加了站位密度，共设置了 28 个站位。

张馨星和师弟许新雨在 11 个站位有作业需求。他们必须确保每次能

第 10 章
穿洋越海

◎ 阳光下的南极海域（李敏摄）

按照需要，从采水器中"抢"出18桶水，每桶水容量为5升，分别来自大海的9个不同深度。光这项工作就得耗时约半小时。

"抢水"是大洋队内部的一种戏称。此次大洋队共有18人，他们分别来自国内外的11个涉海科研教学单位，承担着20项课题的现场调查任务，研究领域广泛，涵盖了物理海洋学、海洋生物学、大气化学等多个学科。在执行任务过程中，合理协调队员的采水顺序，确保从近千米深海采上来的海水样本能够得到最高效、最充分的作用，尤为重要。

与张馨星、许新雨一样，厦门大学的洪清泉也是一名85后。当其他人拿着大塑料桶、一堆瓶瓶罐罐挤在采水器边上接水时，他却相当"低调"地只拿了两个约100毫升的玻璃瓶。十几分钟过去了，当不少人接水工作差不多结束时，他才开始接第二瓶水，并且任海水从瓶口溢出也熟视无睹。

一问才知道，原来采水样并不像大家想象中那么简单。"溢流"是为了赶跑瓶中的气泡。由于项目需求，洪清泉必须严防样品中跑进空气。这个断面的海水在零摄氏度以下，即使戴着手套，不一会儿也会感到十指麻木。几天下来，洪清泉的双手已被海水泡得红肿。

与采样相比，更烦琐的是对水样的处理。许新雨向我提供了一份他在各个站位的作业时间表。最多的时候，他在一个站位取回的水样需要同时执行8个项目，特别是遇到浮游生物量多的水样，由于过滤膜孔径小，光过滤就需要消耗近一个小时的时间。

显然，队员们基本没有休息时间。由于这次站位设置比较密集，每两个站位间约有半小时的航渡时间，队员们需要趁这段时间抓紧处理水样。

霍元子来自上海海洋大学，他的主要工作是通过5种不同实验手段研究南大洋的微型浮游生物。浮游生物在污染物质的分布、迁移、转化过程中担当了重要的角色。1月1日是他的生日，但这位第一次在南极过生日的寿星从生日当天就一直忙碌着，我见到他时，他说眼睛已经快睁不开了。说归说，工作还是得继续干，因为一旦错过了站位，后期就没法弥补了。

最初"下海"的那几天，天气并不算好，风力最大能达到5—6级，气温在零摄氏度左右。由于靠近埃默里冰架前缘，即使穿着厚厚的企鹅服

◎ 布放潜标（夏立民供图）

在甲板上待一会儿，也会感到风一个劲地往衣服里钻，耳朵冻得生疼。

然而，在这样的天气下，来自中国科学院海洋研究所的杨光仍需在甲板边执行自己的浮游生物拖网作业。这个拖网呈漏斗状，约有2米高，一次作业完成后，网上会残留一层黄色的"脏"东西，这就是海洋浮游生物。杨光需要站在甲板边，一手握着塑胶水管，一手按着水管头，尽量将水在拖网上的喷射范围扩大，将浮游生物集中到底部的瓶中。这项工作需花费半小时。接着，他会坐在靠近甲板的位置，用平底小器皿将水样从桶里一盆盆地舀出，然后专心致志地从里面挑出各种浮游生物。

3日凌晨，整个断面工作告一段落，连续3天没休息的张永山中午时强撑着起床去了一趟实验室。因为有的队员还在做后续的数据分析处理，他得经常去看看。很多时候，这名带领11名80后队员的队长更似一个大家长。当第一次来南极的队员将镜头对准航线上的冰山、企鹅、鲸鱼时，张永山好像已有点"审美疲劳"。每6小时拖网一次，每天4次，这是张永山根据生物作息规律作出的安排。因为在一天中，海洋里的浮游动物有垂直移动现象，晚上往海面上浮，白天往海底下钻。

在特殊海域，张永山还会不定期添加一些内容。

1月29日，"雪龙"号进入普里兹湾海域时，拖网作业增加了对浮游动物——南极磷虾的调查内容。南极磷虾是企鹅、海豹、鲸、巨海燕的

"下饭菜"，摄食海区的浮游植物。目前有研究表明，全球变暖导致南极磷虾数量急剧减少，因此研究这一食物链的重要中间环节意义重大。

这样的安排并没有人事先提醒，也从来不会有领导专门通知："老张，你该拖网了"。他们的很多工作都是默默地进行着，完成任务更多靠的是自觉性和责任感。南极考察受自然条件的影响，计划赶不上变化，机会稍纵即逝。因此，很多时候他们必须根据条件提前调整具体工作。

在南大洋考察队里，类似的例子还有很多。在中国第27次南极科学考察中，按照航行计划，大洋考察分为走航作业和重点海区定点调查作业两部分。走航调查分为六航段，队员要随"雪龙"号，完成19 400余海里的走航观测，不分昼夜、不分班次、不分海况地工作。也就是说，他们从上海出发开始上班，等到回到上海才能下班。

跑了这么多次南极，包括张永山在内的大洋人的春节基本在工作中度过。例如，2010年2月13日，因为天气不好，中山站附近不具备卸货条件，考察队临时决定改做大洋调查。为了等大洋队结束一个站位的工作，整个考察队的年夜饭推迟了约2个小时。但在接下来的考察队自创的春节晚会开始后，大洋队全体队员悄悄离开了，因为要赶着处理样品，时间不等人。新年钟声刚过，队员们便开始新样品采集，连续干了4天才结束。

2011年，大洋队的各项工作开展得很顺利。尤其难得的是，大洋队准备在"雪龙"号的春晚上出两个节目。就在我以为这是今年春节期间大洋队没事的信号时，张永山郑重地纠正："船动我动，船不动我们还动。"

诚如张永山所言，大洋考察是一个特殊的专业，不光包括样品采集，后续还有样品处理、数据分析、数据整理等。只有做好现场工作，才能为后续进

◎ 垂直拖网（夏立民供图）

一步研究打下坚实基础。这就好比盖楼,地基没打牢,工程会出现质量问题。

在极地"看海",风险也无处不在。

在中国第35次南极科学考察中,海洋二所派出了包括中国科学院院士陈大可、生态实验室主任陈建芳研究员、海底科学实验室主任方银霞研究员等9名科学家。这也是我国历史上首次由院士担纲首席科学家的南极考察,参与南极洲南大洋科考的科研力量更被誉为"天团级"。

然而,此次考察中,考察队搭乘"雪龙"号在阿蒙森海密集冰区航行时,前方被浓雾遮挡,能见度极低,直到迎面碰上冰山的瞬间,冰山才露出真容。巨大的冲击力使得船头桅杆瞬间断裂。

船只配备了用于识别碍航物的雷达,为何还会撞上冰山？一名有着南极海区航海经验的船长解释,极区航行时,船载雷达是有效的探测碍航物的手段,但这种手段也有弊端,比如根据反射回来的信号,难以区分浮冰和冰山。2019年1月13日至20日,连续8天的卫星影像显示,该海域存在大量碎浮冰,夹杂有小型冰山,受沿岸下降风影响,浮冰整体向北漂移,对"雪龙"号航行产生一定影响,大洋考察计划也必须随之作出调整。

北极航道是指穿越北冰洋、连接太平洋和大西洋的海上通道,它可以极大缩短我国至欧洲的航运距离,降低航运成本,但航行仍受海冰环境等制约。在中国第5次和第8次北极科学考察中,依托"雪龙"号试航了北极所有三条航道——东北航道、西北航道和中央航道,获取了现场天气、海冰和海洋第一手资料,为航道商业利用奠定了基础,"雪龙"号也由此成为我国唯一一艘试航北极三条航道的船舶。

来自中国极地研究中心的蓝木盛参加了中国第8次北极科学考察,他对航行中的困难和危险至今印象深刻。在北极高纬海域航行期间,受北极夏季升温等影响,大部分时候是浓雾或大雾天气,同时,海冰在海流和气旋等综合影响下近乎变幻莫测地移动和聚集,大面积几米厚的海冰时常横亘在航线前方。在海雾和海冰影响下,"雪龙"号只能通过不断地转向甚至倒车,同时利用卫星预报资料来寻找适航水道,以3—8节的极低航速蜿蜒破冰前行。试航西北航道期间,在加拿大北极群岛海域还经历了巴

◎ 晚上零下 10 摄氏度"雪龙"号退出时的船模（沈权摄）

芬湾、爱丁堡水道等狭窄弯曲水域，最窄处船位距离两侧岛屿仅 0.5 海里。

北冰洋是北极熊的故乡，北极浮冰是北极熊最主要的活动平台，因为这里有它们的美味食物——海豹。正因如此，在冰站作业期间，为确保安全，考察队的一项核心任务就是防熊。

在我国第 3 次北极科学考察中，队员们在冰站作业期间，遭遇了多只北极熊的侵扰。最危险的一次是一只北极熊造访当时设在冰面的棉质帐篷，幸亏防熊队员提前预警，队员们已撤离帐篷。那次遇险事件后，科考队及时总结，认为棉质帐篷尽管保暖，但不防熊，"苹果屋"也就应运而生了。

"苹果屋"是一种玻璃钢制成的球状设施，为了醒目，被设计成绿色。由于外形像苹果，考察队员亲切地称它为"苹果屋"。它的面积有 6 平方米，可防雨雪，具备一般帐篷的功能，但更为结实。地面是防水地板，一旦海冰裂开入水，仍能在水上漂浮。如今，"苹果屋"已成为北极科考长期冰站作业的标配，队员在冰上作业时，将它由直升机吊运至作业现场。

随着全球变暖，冰山作业也变得风险重重。中国第 8 次北极科学考察中，在短期冰站作业期间，先后有两名队员陷入融冰中。其中一次是因为冰面积雪太厚,队员无法观察到下层海冰已经高度融化,导致在踏上冰面那一刻瞬间陷入冰泥中,所幸几名队友在第一时间把他抓住拉回来,最终有惊无险。

即使有风险、有挑战,也没能阻挡一批批极地人求探海洋的步伐。中国第37次南极科学考察队首席科学家赵军副研究员将自己和队友的科考工作形象地比喻为每年给南极进行一次全面"体检"。身为南极的"体检医生",他常怀着一种复杂心情:一方面,他期待南极海洋的各项指标稳定,不要出现什么异常;另一方面,如果"摸"到"新部位",就意味着我们对南极的认知可能会变得更立体、更充分。

自工业革命以来,人类活动向大气释放了大量二氧化碳,这些气体被海洋吸收后的去向、存留时间,以及对海洋生物可能产生的影响,进而对整条生物链的潜在改变等,都是赵军及其团队深感关切的问题。赵军深知,这些问题的探索之路漫长且充满未知,恐怕穷尽其一生也未必能找到确切答案,但他强调:"很多问题要年复一年地去观察、采样、积累数据,才能最终形成一个判断。它们需要也值得一直探索下去。"

◎ 北极考察冰站(夏立民供图)

◎ 中国第6次北极科学考察长期冰站、无人气象站（逯昌贵摄）

———————— 第 11 章

观风测云
万千气象收眼底

南极洲常年被冰雪覆盖，气候寒冷、暴风雪频繁、自然环境恶劣。从气象科学本身来说，作为全球大气的主要冷源之一，该地区在南北半球的热量、动量和水汽等物理量的交换中起着重要作用，直接影响全球大气环流和天气气候的变化。开展极地气象科学考察研究，不仅对气象学、冰川学、海洋学、地质学、生物学、地球物理学以及环境科学等研究有着深远的科学意义，还蕴含着潜在的经济和社会效益。南极是目前全球最后一块较少受人类活动污染的大陆，分析研究其大气化学特征、大气本底环境，对揭示人类活动与全球环境的关系有着重要意义。

40年来，我国在极地气象考察领域取得了显著成就，实现了从简易设备观测加手工观测的初步尝试，到现今配备自动站、高分辨率卫星等极地气象监测手段的跨越式发展；监测区域由长城站向南极腹地延伸；南极气象科学研究更是从基本观测拓展到机理研究再到天气气候的全面研究；在随船航线预测上，从最初的单一航线保障，到目前拥有较强的大气、海冰和海洋预报服务能力，极地气象预报技术的日益成熟与高效，为极地科考船的安全航行

◎ 晚灯（曹硕摄）

第 11 章
观风测云

提供了坚实保障。如今，每个航次国家海洋环境预报中心一般只需要安排两人上船，即可完成船上天气海况预报、走航海洋气象观测、提出航线建议等任务。

求解全球气候变化密码

结束境外没有气象站的历史

"走进去是白茫茫一片，就像敦煌沙漠，只不过是一片白色的沙漠。"卞林根这样描述他第一次踏入南极时看到的景象。

1981年11月，时年30岁的卞林根参加了澳大利亚1981—1982年度南极高层大气越冬考察，并在澳大利亚南极莫森站工作与生活了341天。他也因此成为我国历史上首位参加南极科考的气象人。

1983年3月，卞林根回国后，向国家南极科学委员会提交了在南极开展自主考察的建议。半年后，他再次启程，先后到南极半岛的马兰比奥站和阿根廷站考察。此外，陈善敏、王友恒也参加了南极实地气象科学考察工作，收集了一些宝贵资料，撰写了一份极具价值的考察报告，为中国独立开展南极气象考察和建立气象站打下了基础。

1984年，在筹备组织我国首次南极科学考察队时，南极委致函中国气象局，请中国气象局负责南极气象站的建设工作。为此，中国气象局专门召开办公会议，决定抽调曾参加国外南极考察的卞林根、陈善敏等，在中国气象科学研究院设立"南极气象研究室"（1987年，改名为"极地气象研究室"），专门承担南极气象台的建设和南极大气科学考察与研究的任务。

1984年10月，中国首次南极科学考察队出征，中国气象科学研究院派出卞林根等4人，国家海洋局海洋环境预报中心派出许淙等5人，参加了度夏建站考察。只用了40多天，首次队队员住帐篷、吃干粮，在极其艰苦的条件下，建成了南极长城站，同时也搭建完成了中国本土外的第一个设备较齐全的南极气象站——南极长城气象站。

气象站的主要任务是开展常规气象观测、气象通信传输和卫星云图接收等,并提供站区及邻近地区的气象预报保障服务。南极气象站是开展南极考察气象观测与研究的平台。1985年2月14

◎ 1985年南极长城站地面气象观测记录簿(陈瑜摄)

日,南极长城气象站开始正规地面气象观测,2月20日,该气象站正式建成,为开展南极实地气象考察和研究创造了条件。

1985年3月12日,经过试运行,长城气象站高质量的观测数据获得了世界气象组织的认可,获得国际区站号"89058",其数据得以面向全球共享。同年4月,长城气象站通过智利南极弗雷气象中心,正式向世界天气监视网发送气象资料。长城气象站的建成,标志着我国结束了在境外没有气象站的历史。

1985年年底回国后,卞林根开始进行大量的科学研究。次年11月,作为中国第3次南极科学考察队队员,他带着国家自然科学基金项目《南极地区近地面层物理学的观测分析研究》再次来到长城站开展科学试验。中国第3次南极科学考察队还对长城站进行了扩建,新建的气象栋面积为36平方米,有两个工作间和一个暗室。同时,还设有长20米、宽14米的气象观测场,周围装有白色的围栏,场内竖立着2座10米高的测风铁塔和3个百叶箱,除装有国内常规地面气象观测仪器外,还装有温度、湿度遥测仪,以及用于对比的国外气象仪器。

气象观测从零走向多样化

1988年年底,中国第5次南极科学考察队出征。建造我国南极圈内首个南极考察站中山站的任务,让此次考察意义非凡。

为了给建站提供气象基础观测和预报保障,中国气象科学研究院派出了陆龙骅、逯昌贵(退休前任中国气象科学研究院极地气象研究所高级工程师)两位专家,与国家海洋局海洋环境预报中心派出的姜德忠等三人一同前往。

作为中山站首批越冬队员,逯昌贵在越冬的14个月里,逐步将气象栋设施完善。1989年3月1日,南极中山气象台正式开始地面气象观测,每天于当地时间5时、11时、17时、23时进行常规地面气象观测。

1989年8月2日,世界气象组织正式承认了南极中山气象台的观测和预报能力,并为其分配了国际区站号"89573"。从1990年3月起,该气象台的气象报告通过澳大利亚南极戴维斯站和凯西站进入世界天气监测网,填补了该区域的观测空白。

观测听起来简单,但在南极这样极端的环境中,其危险性自然不必多说。南极天气瞬息万变,更给观测工作带来极大的挑战。例如,越冬期间队员们常会遭遇白化天气,导致方向感丧失,只能凭手、脚的感觉前行。

张训途曾是南极科考越冬队的气象观测员,他每天的主要工作是在固定时间,把风向、风速、气温、气压、云、能见度、天气现象等观测数据提交给世界气象组织。这项工作必须准点完成,否则全球气象拼图上就会缺少中山站的数据。到了南极后,他经常会做这样的梦:怎么走也走不到气象观测栋。

越冬期间,张训途真真切切地体验了梦中的情形。那天天色不好,他提前20分钟从生活栋出发。要在平时,这段路应该3—5分钟就能走到。谁知穿过餐厅,踩进去的是齐腰深的雪,越使劲越往下陷,更要命的是那天他出门还没带对讲机。思来想去,最后,张训途毅然选择了慢慢往回爬,折返之后绕路才赶上时间。他曾多次在气象观测栋过夜,最长的一次长达两天,只能吃方便面,喝雪水。

和长城站相比,中山站地区气象条件更为恶劣,是研究南极大陆冷高压系统的变化、下吹风和冰雪与大气相互作用的理想场所。在1990年二期工程建设中,中山气象台装配了自动气象站,建立了APT卫星云图接收系统和近地面微气象观测系统。

世界天气监视网是世界气象组织在国际广泛合作的基础上组成的全球性常规天气监视体系，其中的全球电信系统将全球气象观测报告迅速集中到世界气象中心和区域气象

◎ 郑向东（右一）在调试仪器（陈瑜摄）

中心。据1990年上半年北京气象中心的统计，一般情况下（国外转报站设备故障除外），长城站和中山站正点后1小时的到报率均在95%以上，超过国际上南极站气象资料传输到报率的平均水平。

南极长城气象站、中山气象台的正常运行，为我国南极气象考察与研究取得了第一手的资料。"八五"期间，我国在南极长城站和中山站建立和完善了有线遥测自动站和辐射观测系统，并建立了高分辨率卫星接收系统。

除了常规的气象观测，我国在极地进行的气象考察与研究还包括极地气候变化研究、臭氧研究、大气边界层研究、古气候研究等。南极长城站和中山站已成为我国进行全球变化研究的重要平台。

随着南极气象站的建立，中国南极气象研究也步入正轨。卞林根的国家"八五"攻关项目"中国极地考察科学研究"曾获国家科学技术进步奖二等奖。这些成就不仅展示了中国在南极气象领域的实力，也为全球气象研究和气候变化应对做出了重要贡献。

向冰盖内陆拓展

从1995年开始，中国南极内陆冰盖考察队在10年里共进行了5次尝试。在此过程中，气象资料的获取不仅是平安往返内陆冰盖的重要保障，也是开展下一步建站任务的先遣工作。

2005年1月，作为中国南极内陆冰盖考察队副队长，效存德与队友们一起，登上了冰穹A，并在那里成功架设了自动气象站。

在2007—2008年第4次国际极地年（IPY4）期间，中国执行了南极普里兹湾－埃默里冰架－冰穹A观测计划（PANDA计划）。作为该计划的一部分，科研人员在中国南极中山站建立了中国第一个南极大陆大气成分业务监测站；在IPY4期间，还进行了臭氧气球探空和GPS低空（18 000米）探测，并利用超声风速仪、梯度热量平衡观测系统和辐射平衡观测系统，在中山站附近的冰盖上获取了南极冰盖近地层冰－气相互作用的详细资料。

目前，全世界在南极地区运维着约160个气象站，我国的数量排名世界第二，发展速度仅次于美国。经过16年的科学积淀和创新探索，2024年12月1日，我国南极中山国家大气本底站投入业务运行，正式"入列"我国大气本底站家族。该站将对南极大气成分浓度变化进行连续、长期业务化观测，真实反映南极地区大气成分及其相关特性的平均状态，支撑全球应对气候变化。

在这些气象站中，卞林根、逯昌贵等人研发了第一代低温气象站，让气象站在零下60摄氏度的低温环境下实现自动化观测；中国气象科学研究院全球变化与极地研究所所长丁明虎等人进一步研发了第二代超低温气象站，实现了在南极冰盖最高点暨零下90摄氏度区域的超低温自动观测，国产化率超70%。如今，丁明虎正带领团队进行第三代超低温气象站的研发工作。

◎ 科考队员丁明虎采集雪冰样品（丁明虎供图）

◎ 雪坑采样（中国极地研究中心供图）

2024年2月7日，中国南极秦岭站建成。秦岭站位于南极罗斯海西岸的难言岛上，此处气候恶劣，常年有来自南极内陆冰盖的强烈冷风，是研究南极极端气候的理想地点。10年前选址时，我国就在秦岭站所在的难言岛上开展了连续的地面气象观测，积累了大量数据，为秦岭站的选址和开工建设提供了重要的科学支撑。

除了在极地安装自动气象站以获取地面气象观测数据，我国还在多次极地科学考察中开展常规气球大气探空观测，获取了南极内陆、南极沿岸、南北极考察航线上的高空大气观测数据。国家海洋环境预报中心还在常规气球大气探测基础上，尝试开展了使用无人机进行大气边界层的气象要素廓线观测。

近年来，南极海冰减少、南极冰盖融化、冰川坍塌等事件越来越多，这些现象对海平面产生巨大影响，也是全球关心的热点问题。极地的监测与预报已经成为全世界科学家的关注点，研究目的非常明确，就是要探究极地在全球气候变化中发挥的作用。

自主研发巧布局

2016年1月，一场"霸王级寒潮"让很多人印象深刻，全国数百个

◎ 南极飞艇大气采样（葛人峰供图）

城市最低气温刷新历史纪录。话题背后，是一个听起来稍有些生僻的专业名词：北极涡旋。正是它的南下，使包括我国在内的整个北半球温度骤降。

近年来，不少学者致力于研究北极海冰对我国气候的影响。有研究发现，北极涛动和厄尔尼诺现象不能解释过去持续异常的降雪和低温天气，北极海冰快速减少，也许是导致我国冬季极端降雪和严寒频发等气候变化的重要因素。这群学者中就包括中国海洋大学教授赵进平。他说，自己的工作就是找出二者之间的联系，不断总结出规律，及时发出预警信息。

因为种种原因，每次北极科学考察，"雪龙"号在北冰洋附近只停留45天左右，即使全力以赴，获取的数据也有限。更重要的是，这些数据都来自夏天，而北极对全球的影响是全年的。

面对这种情况，国际同行的做法是，努力在北冰洋上投放大量长期连续工作的仪器设备，获取全年数据。2015年，由赵进平担任首席科学家的国家重点基础研究发展计划（973计划）项目立项，这也是当时我国北极研究领域唯一的973计划项目。赵进平带领的团队参加了迄今为止我国组织的所有北极考察，是国内最大的极地研究团队之一，团队的特色就是自主研发中国极地科考设备。研发这些设备的目的正是让其在北极冬季代替人类采集数据并传回国内。目前，团队已成功研发了三种仪器：海雾剖面仪、冰基海洋剖面浮标、大型海气耦合浮标。

2018年，中国科学院大气物理研究所研究员周立波曾在新奥尔松地区开展了为期一年的北极大气科学实验。这里是北大西洋与北冰洋连接处，也是北极快速增暖的重要区域。周立波希望，此次能获取北极重点地区高垂直分辨率的大气热力和动力结构的更多数据，回答三个问题：北极重点地区典型下垫面上（陆地–海洋–冰雪）的物质能量交换如何？北极重点地区大气垂直结构和变化规律如何？北极特殊的天气对于我国天气和气候的影响如何？

北极对全球气候变化的反应非常敏感，反过来它也影响着全球气候的变化。这个影响有多大？程度到底有多深？目前还没有科学家能给出确切的答案。这需要在较长时间尺度里进行持续的观测、积累足够多的数据，

◎ 1999年8月，中国北极气象考察现场（北纬74度，西经165度，逯昌贵摄）

◎ 2004年，中国北极黄河科学考察站梯度气象观测图（丁明虎供图）

才能去了解。然而，可以肯定的是，科学家们正在为此努力着。

中国气象局发布的《极地气候变化年报（2023）》显示，自1981年开始，经过40多年的努力，中国气象局与中国极地研究中心、国家海洋环境预报中心、中国科学院冰冻圈科学国家重点实验室等单位，在南极联合建设了20多个气象观测站，其中7个已成为国家基本站。在北极建立了10多个气象观测站，此外还建立了一个船基走航观测平台，布置了若干大气探测科学试验设备等，并拥有了极地探测卫星FY-3D、3E。

开辟通往世界最南端的航线

绘一张完整的天气图

探秘极地,气象先行。1984年,中国首次派出科学考察队伍奔赴南极。但中国赴西南极洲也没有现成的航线可寻,科考队硬是从1249张中外海图、150本海洋和极地资料中,绘出了一条航线。

这条航线的起点是上海,经宫古水道、关岛、古伯特、社会群岛,由社会群岛海域按大圆航法,直插美洲南端的合恩角,驶入阿根廷的乌斯怀亚市港口,再横穿德雷克海峡,抵达南极。

考虑到"向阳红10"号只是一艘大洋科学考察船,为此全国气象部门作足了准备,设置了由气象观测组、卫星云图接收组、气象填图组、天气图分析预报组组成的共计30余人的综合保障队伍。为了更好地保障南极考察,1987年,国家海洋环境预报中心设立了"南极海气相互作用组"(现南极预报研究组)。多年来,预报中心也承担了主要的航线预报工作。

彼时,要获得一个时次的天气图,需经过多个工序,多名值班人员连续工作数小时才能完成。气象观测组主要负责考察船在航渡期间进行常规的气象观测,当时气象观测仪器大部分安装在船的顶部。由于观测设备落后,部分项目需要依靠人工进行观测。当遇到恶劣天气时,船只剧烈摇摆,观测人员要攀爬到船的顶部进行一天的8次气象观测(正点4次,非正点4次),工作十分辛苦和危险。此外,气象观测人员还要将观测的大量海洋数据、气象数据,进行人工填写报表、编写报文、报文校对,最后进行报文传送等工作,工作量大且十分繁杂。

填图组的工作人员每天要提前打开接收机预热,定时开机接收资料,将收到的气象资料报文人工填写在天气图上。通常,一个填图员需要2—3个小时,才能完成一张天气图的填写。

气象预报员则是将填好的天气图进行气象要素分析,并绘制成一张完整的天气图。从人工分析的天气图上,可以明显看出船只所在地区的天气状况,这是气象预报员发布气象预报最重要的依据之一。他们会在人工分析后的天气图上标记考察船的位置，以确定未来影响船舶航行安全的天气系统，然后对该系统进行准确定位。确定天气系统的准确位置，是气象预报成败的关键。因此，卫星云图成为确定天气系统准确位置的重要依据。在确定天气系统中心位置后，该系统何时能影响到考察船，影响到考察船时的强度如何，是气象预报员首先要考虑的问题。然而，仅仅依靠高空不同层次的气象资料来判断还不够，气象预报人员还需要结合现场气象观测资料，发布未来 24—48 小时气象预报。

随着气象科技的快速发展，早期人工气象观测、填图、人工绘图等工作，逐渐被气象观测自动化、气象传真图表所取代。高度自动化的观测系统降低了气象工作人员的工作强度，同时降低了大风大浪时考察队员外出进行气象观测发生意外伤害的风险。在早期南极考察中，需要人工进行气象观测的项目包括气温、气压、湿度、风向、风速等，如今已完全由自动气象观测站取代。各种气象要素自动进入计算机，然后计算机自动进行处理，并编发成气象报文发送出去。

气象传真图表资料的发送，彻底改变了过去那种接收气象资料—人工填图—人工分析图的老模式。利用气象图传真机可以接收地面、高空、数值预报图等气象资料，这些资料为海上船舶气象预报提供了极大的方便。

气象卫星长出"千里眼"

自从有了气象卫星，极地考察航区气象预报就有了更多资料来源。通过卫星云图，可以判定某一天气系统的准确位置，推算它的移动速度，根据云系结构来判别系统的强度变化，这也是做好航线气象预报的重要条件之一。

但早期的极地科学考察船卫星接收设备和技术条件比较落后，使用的是可见光和红外线黑白卫星云图接收系统。该接收系统工作程序复杂，又属于低分辨率系统，接收的卫星云图需要人工冲洗照片，而且不能分辨极地地区的冰情，很难判别云和冰的分布情况，这给极区的气象和海冰预报带来了很大的困难。

正因如此，考察船在极区航行时，只能利用人员瞭望和直升机探测的方式，进行小范围的海冰观测。由于极区大范围浮冰漂移变化复杂，即使对小范围的海冰进行了监测，也根本不能消除浮冰和冰山对考察船构成的威胁。

1997 年，国家海洋环境预报中心等部门联合研制出了我国第一套船载高分辨率气象卫星接收系统。该系统能够在高温、高湿和低温的气候环境下正常工作，可抵御 32.6 米/秒以上的大风，并适应船舶在大风浪中的剧烈摇摆，在破冰强振动的情况下，也具有较强的抵御能力。此外，该系统具有接收极轨高分辨率卫星云图和静止低分辨率卫星云图的双套接收和图像处理系统。在中低纬度地区，利用静止卫星云图观测大范围天气情况，能及时发现热带风暴等灾害天气系统。在极区静止卫星云图失真的情况下，改由接收极轨卫星云图，能够为船舶的航行安全提供更多更新的气象资料。特别是在极区能够提供大范围的高分辨率（1 千米）彩色卫星云图。

高分辨率卫星接收系统首次在"雪龙"号上得到应用，获得了非常理想的效果。1997 年 12 月 10 日，"雪龙"号由新西兰的克赖斯特彻奇港起航进入西风带时，海上风大浪高，"雪龙"号剧烈摇摆，最大摆至 38 度。船上气象图传真机当时没有接收到气象图表资料，而高分辨率卫星接收系统在关键时刻接收到了卫星云图资料。卫星云图资料显示，航线前方有三个强气旋挡住了"雪龙"号的去路。

随船气象预报人员立即向船长、指挥组成员进行了详细汇报，并共同研究应急方案。基于西风带极地气旋的移动规律，船长及时调整了航行方向，由原来向东南方向航行，改为向西南方向慢速航行，待西风带绕极气旋通过后，再恢复原计划航线。"雪龙"号及时调整了航行方向，避开了绕极气旋的连续影响，顺利地通过了西风带。

南极大陆周边海域浮冰和冰山分布密集，船只在南极冰海中航行，随时会遇到意想不到的危险和困难。1998 年 1 月 16 日，"雪龙"号计划从俄罗斯青年站航行到中山站。考虑到中山站附近的南极大陆边缘浮冰冰山密集，考察船本来的计划航线是避开大陆边缘航行。然而，当日 11 时，随船预报员从接收的高分辨率卫星云图上看到南极大陆边缘没有浮冰和冰山，计划航线大部分海域反而被浮冰覆盖，根据当天云图资料，预报员向船长推荐了一条新的航线，最终，"雪龙"号按照推荐的航线，提前平稳到达中山站。新航线还比原计划航线缩短了1111.2千米。

此外，1998年，在中国第15次南极科学考察中，"雪龙"号比往年提前进入普里兹湾。根据高分辨率卫星云图，湾口处一条长约370—555千米的冰坝挡住去路，"雪龙"号进入湾内是非常困难的。12月5日、6日，根据连续两天接收的几张高分辨率卫星云图，预报员通过分析，从冰坝中找到了一条约2千米宽的缝隙，最终，"雪龙"号由这条冰缝隙进入普里兹湾内，顺利完成冰上卸货任务，并确保冰盖考察队按时从中山站出发。

在极区航行存在风险性大、突发性事件多等特点，高分辨率卫星接收系统所提供的云图资料，在保障考察船只、人员和国家财产安全中发挥了重要作用。

"吻"上冰盖开辟新卸货点

"啃"1米的陆缘冰，"雪龙"号不在话下。但在2011年2月21日，这艘2万吨的巨轮以1节的破冰速度，驶向的却是与陆缘冰相连的南极冰盖，在与冰盖轻轻一"吻"后停下。

船长沈权没疯，但他做了一件连外国船长都没干过、也不敢干的事情。之前只有将船开至冰山附近，借冰山作飞行平台调运物资，然而此次航行，在2月底的薄冰上，他却选择卸载2辆总重达25吨的卡特车！并且卸货地点不是惯常使用的熊猫码头，而是中山站西偏北方向、约4千米外的印度站海湾登陆点。

这是一个大胆而又新奇的决定，甚至可以说是在冒险。卸货点是"雪龙"号从未抵达的水域，船长连水深等基本航行资料都没有。按照以往经验，在南极，2月的海冰经过南极夏季融化，冰层变薄，强度变小，承载力相应变小，任何人都不允许到冰面上活动，进行冰上卸货就更加危险，一旦货物超过冰的承载力，海冰随时可能破裂，后果不堪设想。

◎ "雪龙"号勇闯西风带(中国极地研究中心供图)

为什么要如此冒险呢?中国第27次南极科学考察队领队刘顺林表示,在过去20来天里,如何卸载这2辆卡特车,为明年昆仑站建设任务尽量创造条件,是他最焦虑的事情。眼瞅着南极已入冬,中山站前海域的海冰却迟迟不开,冰山林立,像往年那样通过小艇卸货已不可能。用吊挂,车重又远远超出直升机的运力。

考察队曾考虑将车搁在与中山站直线距离约100千米的戴维斯站或者附近的印度站,但尚在建设中的印度站全体考察队员已于2月中旬撤离,简易码头已经坍塌,小艇无法停靠。如果将车搁在戴维斯站,越冬期间中山站没有直升机,机械师则无法从中山站前往戴维斯站。此外,在寒冷的冰盖上行进3天,得拖乘员舱出门,这无疑增加了工作量。实在不行,只能选择下策,把车拉回国。

2月21日,转机出现了。刘顺林带领几名探冰队员乘直升机从中山站前往"雪龙"号,商讨卸车方案。此前,考察队获得一个重要信息:印度站海湾登陆点与冰盖连接处有一大片没有融化的陆缘冰。

探冰结果显示,这片陆缘冰厚约1米,但其中约有70厘米呈棉花状。关键时刻,基于多年南极冰况的详细资料、钻取冰样的确切数据,加上领队顾问魏文良的丰富经验,刘顺林最后拍板,在印度站海湾登陆点卸车,从陆缘冰将车开上冰盖。

为了确保安全,"雪龙"号朝登陆点所在的冰盖方向破冰,尽量缩短卡特车在冰面上的行进距离。"老船长"魏文良要求驾驶台每分钟报一次水深,越靠近冰盖,频率越高。"雪龙"号吃水8米,要是撞上水下的礁石,现实版的泰坦尼克号就将上演,船上近百人的生命危在旦夕;要是搁浅动弹不得,在没有外力协助的南极,后果同样不堪设想。

"不用怕,万一不行倒出去。"魏文良不断鼓励船长沈权,当天下午,在没有航行资料的情况下,"雪龙"号成功顶到了登陆点的冰盖。与此同时,昆仑站队队员在副队长曹建西的带领下,驾驶3辆雪地车,带着

◎ 夜战卡特(付运和摄)

拖带工具赶往冰盖。由于经登陆点从海冰上冰盖的坡陡,卡特车无法自己开上去,需靠其他雪地车在冰盖上拉一把。

"我们不是蛮干,而是科学决策。"刘顺林说。虽然前期已经进行了充分调研,但第一辆卡特车从"雪龙"号下放至冰面时,考察队特意在不脱钩的情况下,对海冰能否承受得住卡特车的重量进行了测试。此外,卸货正式开始前,考察队发动全体在船队员身着救生衣,用约6米长、30厘米宽、6厘米厚的木板在冰面为卡特车拼出一个约48平方米的平面,减小压强,同时在平面上方两侧加铺两块木板,木板宽度与车轮胎宽度相当。

有着丰富卡特车驾驶经验的副领队夏立民,主动承担起驾驶重任。刘顺林则一直坚持在一线指挥,与"雪龙"号、中山站等方面不断沟通。

由于木板数量有限,卡特车每前进约10米就得停一次,等队员们把木板从车后搬至车前铺好,再往前移,从"雪龙"号2号舱位置到冰盖约100米的直线距离,光一辆车挪动就花了近1个小时。

从冰盖吹来的下降风打在脸上,又冷又疼,但队员们顾不上这些,

一块木板 50 多千克重，平时一般 4 人合抬，这回 2 名队员合作抬着就走，他们中不光有年轻人，还有已步入花甲之年的直升机机长。

入冬后的南极黑夜，月亮挂在天边，光滑的冰面泛着明晃晃的光，稍不小心就会滑倒，队员们借助月光、船灯辨认着脚下的一道道冰裂隙和海豹洞。历经近 3 个小时，22 日凌晨，第二辆卡特车在雪地车的拖拽下开上冰盖，全体考察队员不禁鼓掌欢呼。

"这是我国南极科学考察 27 年来的奇迹。"魏文良评价道。以往出于安全考虑，"雪龙"号对冰盖避而远之，此次船头顶到冰盖，将为我国冰区航行积累宝贵经验，同时，我国进军内陆多了一个新登陆点。有了破冰船后，我国有望通过该登陆点将物资直接运上冰盖，从而节约大量人力物力。

在从冰盖返回中山站的途中，雪地车的后车厢一直没有锁门，后来夏立民才知道，领队刘顺林考虑得更"深刻"，这是他特意安排的防范措施，那里有专人给他准备的救生用的捞钩和绳索。

助力"雪龙"号脱困

2003 年，"雪龙"号上安装了新一代船载卫星接收系统。该系统自动化程度更高，操作更简便，接收到的卫星信号更多，产品也更加丰富，并增加了船舶周边涌浪预报，这为船舶安全保障提供了很大的支持。2006 年起，随船预报员使用海事卫星通信终端，通过网络下载国内外气象海浪实况预报资料，可用的预报资料种类大大丰富，预报准确率有了较大提升，预报时效也延长至 3—5 天。

2013 年 12 月 25 日，"雪龙"号收到俄罗斯"绍卡利斯基院士"号求救电报后，更改原定赴罗斯海建站地址的考察任务，向俄罗斯船被困海域进发，于 12 月 27 日到达救援地点。因天气原因，直到 2014 年 1 月 2 日才完成救援工作，没想到 3 日凌晨"雪龙"号准备撤离时，周围海冰非常密实且厚度超出其破冰能力。由于气象条件的持续恶化，"雪龙"号所在地区周围的浮冰范围迅速扩大，船上 101 名人员被困在密集浮冰区。如无法迅速脱困，"雪龙"号随时会面临冰山的威胁，情况十分危急。

"雪龙"号被困引起了国内各界的广泛关注，而卫星遥感技术也成了"雪龙"号最终脱困的关键。时任国家海洋环境预报中心极地环境预报室主任张林记得，当日19时，中心召开"雪龙"号脱困应急预报保障紧急工作部署会议，成立了以时任中心主任王辉为组长的"雪龙"号脱困预报保障应急工作领导小组，以及由极地室、气象室、数值室、环境室和产品部5个部门组成的应急预报技术保障组，由业务科技处、办公室、网络部和服务中心4个部门组成的应急保障组，按照最高应急响应级别开展工作。

在1月3日至8日应急预报保障期间，国家海洋环境预报中心共获取15时次有效的国产高分辨率卫星遥感数据，制作41幅产品图。

7日凌晨4:45，"雪龙"号启动主机开始"动车"，向船头右前方进行尝试性破冰，试图避开前方的小冰山，向右转向突围。但在连成一片的无垠坚冰中，身长167米、最大排水量2.1万吨的"雪龙"号，转身十分艰难。由于浮冰太密集，冰上积雪太厚，被船"咬破"的碎冰无处可去，只能漂浮在狭窄的航道中。与往日大刀阔斧的破冰景象不同，这次"雪龙"号破冰十分小心。因为船头不远处就是一座冰山。稍不小心，船就会被冰山卡住。

7日7时，国家海洋局国家海洋环境预报中心就"雪龙"号突围方向进行了广泛的讨论，在分析国家卫星海洋应用中心提供的1张100米分辨率的遥感图像后，认为冰情有进一步缓解迹象，有利于"雪龙"号目前的突围行动。

7日下午，时任国家海洋局局长刘赐贵再次率应急工作领导小组部分成员，参加了由国家海洋环境预报中心组织，中国极地研究中心、中央气象台、总参气象水文空间天气总站、中国科学院遥感所、北京师范大学全球变化与地球系统科学研究院和中国海洋大学共同参与的会商。

国家海洋环境预报中心提供了"雪龙"号所在海域高分辨率风向和风速预报，认为风向将在7日至8日转变为偏西风，结合潮汐潮流预报，预判此时段船体东侧的海冰将变得松散。各单位专家就"雪龙"号突围的三个方向进行了充分的讨论，形成了较为一致的"雪龙"号突围方向的建议，认为在偏西风和由西向东的潮流的共同作用下，冰情可能出现明显变化，当年冰区东侧边缘线持续向东延展，海冰更加松散，断裂的整块浮冰将向东快速漂移，对"雪龙"号脱困有利。

时间一分一秒地过去，窗外能见度越来越差，眼见西风越来越小，有利的天气"窗口"越来越少，而"雪龙"号船头依然还是白茫茫一片平

◎ "雪龙"号突围（夏立民供图）

整，丝毫不见浮冰上有任何变化迹象。红色的"雪龙"号再次调整身姿，面对坚冰，毫不妥协，顽强拼搏。

17：20左右，"雪龙"号用尽全身力量，鼓足干劲，再次向前方的一大块坚冰冲击上去。就在那一瞬间，船头处的冰面突然裂开了一条水道。深黑色的海水，在洁白的冰面上，仿佛一道闪电，正好从船头一直延伸到远方，直指清水区。

船长冷静地指挥船只，迅速从水道破冰穿越，不到半小时，顺利抵达清水区。回首望去，在风力的作用下，这条裂开的闪电般的水道又迅速合拢起来，冰面再次白茫茫一片，仿佛什么事情都没发生过。

此次"雪龙"号脱困应急预报保障工作是对中国极地气象预报保障能力的一次检验。准确的天气形势判断和预报，以及对"雪龙"号周围冰情变化的监测，是此次"雪龙"号顺利脱困的关键。

其实，从2011年起，国家海洋环境预报中心就开始研发极地大气数值预报系统，经过不断改进和完善，极地大气数值预报系统在卫星遥感资料准实时同化技术、计算性能和预报精度提升、预报产品制作发布等方面有了长足的进步，形成了完善的极地气象预报业务体系。

2019年至今，国家海洋环境预报中心研发了自主的船载海洋环境预报客户端软件并持续在"雪龙"号和"雪龙2"号极地科考中应用，这套软件能够定制下载多个预报机构的气象格点预报数据并叠加显示，预报时效达7—10天，极地考察气象保障在精细化的基础上进一步实现了自主化。

40年来，我国通过分析研究过去不同级别和不同吨位的极地科学考察船所采用的不同航线，从中筛选出理想的航线。极地考察航线优化的背后，是极地科学考察船只的更新换代，极区航海技术的成熟和航行经验的积累，船载气象监测系统的现代化和气象预报水平的不断提高。如今，极地科学考察船航线设置更趋合理化，向缩短航程、节约油料、节省时间的经济模式发展。借助科技手段，辅以丰富的航行经验，如今，多次穿越"咆哮"西风带的"老南极"都感慨：越来越平稳。

◎ 2020年1月15日，中国协助巴西重建其南极费拉兹站（中国极地研究中心供图）

第 12 章

大道同行
绘命运与共蓝图

南极洲地域辽阔,自然环境极为恶劣。若要从整体上全面认识这片神秘大陆,即使拥有最为充裕的资金支持和最精锐的科考团队,世界上任何一个国家也不可能凭借一己之力独立地完成。因此,广泛的国际合作是现代南极科学考察最为显著的特征之一。

回顾中国极地考察走过的历程,国际合作是永恒不变的主题。中国自加入《南极条约》以来,始终秉持平等协商、互利共赢的原则,不断拓展南极合作领域的广度和深度,推动国际合作朝着长期化、稳定化和机制化的方向迈进。

作为极地考察的后来者,中国已充分参与了南北极和南大洋多项观测研究的国际计划。随着国家综合实力和世界影响力的日益增强,我国将持续面临"更深入参与北极治理和气候变化应对"的呼声及需求,开展更广泛和深入的国际合作势在必行。在更好地认识极地、保护极地、利用极地的过程中,中国为造福人类、推动构建人类命运共同体做出了积极贡献。

◎ 北极格陵兰冰芯钻取营地(杜志恒供图)

第 12 章
大道同行

从后来者到行动发起者

提及国际合作,不得不提开启南极科学时代的国际地球物理年(1957—1958年)。它如同一场科学与探险的盛宴,将世界各地的科学家们召唤至这片神秘的白色大陆。

国际地球物理年(1957—1958年)的研究范畴广泛,涵盖了13个不同领域的地球物理学分支项目。研究地域跨度极大,不仅深入北极区域,还遍及赤道地区和南极大陆。在众多活动中,第3次国际极地年(1957—1958年,IPY3)计划备受关注。

IPY3被誉为国际南北极科学考察的奥林匹克盛会。全球科学家共同制定计划,采取联合行动,对南极洲展开了史无前例的国际合作科学考察活动。在这一背景下,阿根廷、澳大利亚、法国、比利时、智利、日本、新西兰、挪威、南非、英国、美国和苏联等12个国家在南极洲共建立了60多个考察站,其中,美国在南极点(南纬90度)建立了阿蒙森-斯科特站,苏联在南磁轴(南纬78度06分,东经110度)建立了东方站,法国在南磁极(南纬66度33分,东经140度)设立了夏科站。这些考察站如同点点星光,点缀在南极的广袤冰原上,构成了以南极大陆为中心的大

◎ 海冰上卸运物资(夏立民供图)

规模观测站网。这些站点不仅是科学探索的前哨,更映照出国际社会对这片净土的共同关注。

通过各国科学家的共同努力,人们对南极大陆有了新的较全面的认识,也更加深刻认识到,面对南极大陆的严酷环境,任何单一的力量都显得微不足道。在科学家们的一致呼吁下,考察延期一年。

同样是在这一年,美国政府邀请在国际地球物理年期间在南极洲进行科学考察的其他 11 个国家的代表,在华盛顿共同探讨南极的未来。经过 60 次会议的深入讨论,他们终于在同年 12 月达成了共识,签署了《南极条约》。

该条约经 12 个缔约国政府批准后,于 1961 年 6 月开始生效。《南极条约》规定,南极仅用于和平目的,科学研究和实现和平的目标成为这片土地的主旋律。同时,它提倡自由交换科学人员、观测资料和科学成果,继续发扬国际地球物理年的国际合作精神。

自国际地球物理年(1957—1958 年)以来,在南极考察的国家之间开展了形式多样的、广泛的国际科学考察合作,其中包括多种国际合作计划,如南极海洋系统和储量的生物调查计划(BIOMASS)、国际南大洋研究计划(ISOS)、全球大气研究计划(CARP)极地实验、罗斯冰架地球物理和冰川测量计划(RIGGS)、国际南极冰川研究计划(IAGP)、罗斯冰架研究计划(RISRP)和国际横穿南极探险计划等;也包括二三个国家联合进行的小型国际合作研究计划,如日本、美国和新西兰联合进行的干谷钻探计划(DVDP),英国、美国和智利合作进行的斯科舍弧南极半岛大地构造研究计划;还有多国科学家在同一艘船上实施的联合调查计划,如欧洲北极星调查(EPOS),来自 11 个国家的 120 名科学家用联邦德国的"北极星"号极地科学考察船,从事南极海域的以海洋生态系为主的海洋调查研究。

中国是南极科学考察的后来者,起步较晚。由于历史原因,我国未能参加前 3 次国际极地年,失去了参加早期极地考察的机会。正因如此,开展国际合作对于我国来说更具有突出的意义。

自1980年以来，中国遵循《南极条约》"为了全人类的利益和平利用南极"的宗旨，参与了国际合作科学考察活动。例如，参加或举办有关的国际学术会议，以及参加国际横穿南极探险等。但是，更主要的方式是派科学家到友好国家的南极站或考察船上进行双边合作科学考察研究，同时，与友好国家的南极机构进行了广泛的友好往来。

通过国际合作与友好往来，学习外国的先进经验，我国培养训练了自己的骨干力量。这不仅为中国南极考察事业的迅速发展提供了有利条件，也为更好地开展国际合作奠定了良好的基础。

2007—2008年，国际科学理事会和世界气象组织共同发起第4次国际极地年活动，吸引了60多个国家、39个国际组织、5万多名科学家参加。为实现此次国际极地年中国行动目标，我国组织实施4大科学考察专项计划，包括南极PANDA科学考察计划、北冰洋科学考察计划、国际合作计划以及数据和信息共享计划。由我国科学家提出的PANDA计划被选为第4次国际极地年的核心科学计划。

南极冰盖和南大洋是地球上最大的冷源，也是研究全球环境变化的重要区域。按照设计方案，PANDA计划通过一条包含海洋、冰架、裸岩、冰盖的综合考察断面，在关键地点获取海洋、冰芯、岩芯、沉积物等样品，

◎ 2007—2008国际极地年中国行动启动仪式（中国极地研究中心供图）

观测冰冻圈、大气和近地空间各圈层相互作用过程,将现代过程研究与历史演化相结合,研究南极地区与全球变化的关联,预测未来变化。通过PANDA计划等活动,中国加强了与其他国家在中国极地考察方面的双边、多边国际科技交流合作。

当然,南极的国际合作与友好交往是在平等互利的基础上进行的。随着中国南极考察事业的发展,中国能够更加深入、更加广泛地参与国际合作。

在中国第40次南极科学考察中,"雪鹰601"固定翼飞机圆满完成了一项重大极地国际合作任务,即南极毛德皇后地和恩德比地冰盖边缘航空科学调查国际合作计划。该计划由南极研究科学委员会下"环"行动组(RINGS Action Group)发起,是首个南极航空科学调查国际合作计划。

南极大陆覆盖着巨大的冰盖。随着全球变暖,南极冰盖的物质流失量,将是预估未来南极冰盖变化及其对全球海平面上升影响的重要不确定因素。想要计算冰盖物质流失量,关键在于掌握冰盖边缘的冰流速和冰厚这两项关键数据。目前,借助飞机上搭载的"冰雷达"这一观测利器开展航空调查,是获取冰盖厚度数据最有效的途径。

基于这种背景,2021年,南极研究科学委员会成立了"环"行动组,旨在通过国际合作形式下的航空观测,重点获取环南极冰盖边缘的冰厚和冰下地形数据。目前,已有来自18个国家的82名科学家参与了"环"行动组。2023年,"环"行动组针对南极毛德皇后地和恩德比地这两个主要数据稀缺区域,发起了首个航空科学调查国际合作计划。中国不仅是"环"行动组的创始国之一,也是

"环"行动组成员就航空科学调查情况,分析南极冰盖的变化(中国极地研究中心供图)

毛德皇后地和恩德比地航空科学调查国际合作计划的主要发起国。

南极冰盖边缘的气象条件复杂，这是航空调查最大的挑战。在这场国际合作中，"雪鹰601"出色的航空科学调查能力，以及固定翼飞机队科学决策和灵活应变的能力，为圆满完成任务起到了至关重要的作用。

"环"行动组首席科学家、挪威极地研究所教授松冈健一专门给中国第40次南极科学考察队发来邮件，感谢中方的重要贡献："我们衷心感谢中国对南极研究科学委员会'环'行动组的大力支持。从'环'行动组起步阶段起，中国就在科学和后勤等方面提供了大力支持，并且协助我们获得了其他国家的进一步支持。此次，'雪鹰601'执行了历史性的飞行任务，这是一项真正的开创性的工作。"

此外，中国第40次南极科学考察还包括多个国际合作科考项目。2023年12月底，在中山站所在的东南极拉斯曼丘陵地区，中国第40次南极科学考察队队员、吉林大学建设工程学院教授张楠和团队一起，在距离中山站约25千米处的达尔克冰川侧翼，取出了晶莹剔透的冰芯样品，还成功获取了珍贵的48厘米冰下基岩，这是国际上首次在南极冰层深部冰下基岩进行有针对性的地质调查采样。

张楠和团队执行的这项科考任务隶属于吉林大学、中国地质大学（北京）与俄罗斯海洋与地质矿产资源科学研究所共同承担的"东南极拉斯曼丘陵地区冰下地质环境研究项目"。在南极现场的团队成员共有8人，中方队员主要负责钻探，俄方队员主要负责现场处理和封装冰芯等。在两个多月的作业时间里，中外科研人员在工作中交流经验，互相学习，对技术问题展开深入探讨。此次联合科考采样任务的圆满成功，为探究南极冰盖接地带冰－海－基岩相互作用填补了关键数据空白，为精确评估冰盖物质平衡及其不稳定性研究提供了坚实的基础。

2024年2月7日，南极罗斯海恩克斯堡岛，中国在南极建设的第五个科学考察站——秦岭站正式开站。不久后，以秦岭站为支点，一系列科学考察陆续开展：与周边其他国家考察站合作，推动海洋实验室成为国际合作平台，将罗斯海沿岸各国考察站的合作打造成南极考察国际合作的典范；与有关国家一起对恩克斯堡岛南极特别保护区进行管理……未来随着我国考察站配套设施进一步完善，一批批中国科考队员将深化科学考察研究，加强国际交流合作，为造福人类、推动构建人类命运共同体做出新的更大贡献。

在北极圈留下中国印记

随着21世纪海上丝绸之路建设不断推进，中国与各方共建"冰上丝绸之路"，为促进北极地区互联互通和经济社会发展创造新的合作机遇。到目前为止，中国基本上参与了所有与北极研究相关的国际合作组织和平台。

其中，北极气候研究多学科漂流冰站计划（MOSAiC）是典型案例之一。MOSAiC是迄今为止人类最大规模的北极科考计划，也是近年来最为重要、影响最大的国际北极研究计划，涵盖了大气、海冰、海洋、生态和地球化学循环等学科，由德国阿尔弗雷德·魏格纳研究所暨亥姆霍兹极地海洋研究中心（AWI）发起，旨在通过多学科的合作，对北极中央海域的大气、海冰、海洋和生态系统进行深入的观测和研究，以加深对这些系统间的耦合过程的理解，提高北极天气预报、海冰预报和气候预测的能力。

最初，MOSAiC相关人员联系中方，目的只是希望"雪龙"号为其实施该计划提供后勤支持。然而，中方认为，这是我国深度参与国际大科学计划的绝佳机会，希望全面参与该计划的现场观测和科学研究。

在此背景下，中国科学院院士陈大可3次带队参加了在俄罗斯和德国分别举行的MOSAiC准备工作会议，与国际同行开展了深入交流和探讨，成功争取到了全面参与MOSAiC的宝贵机会。

最终，MOSAiC共吸引了来自20个国家的400多名科研人员参与。在国家海洋局极地考察办公室统一策划下，来自中国极地研究中心、自然资源部第一海洋研究所、自然资源部第二海洋研究所、自然资源部第三海洋研究所等9个科研院所和高等院校的17名中方考察队员参加了该计划

◎ 在极夜环境下，中国科学家带领团队布放我国首套冰基沉积物捕获器（中国极地研究中心供图）

的不同航段，在浮标阵列构建、冰底生态过程、温室气体循环、海冰和海洋过程观测等领域做出了重要贡献。中方参与人数仅次于德国、美国和俄罗斯，与瑞典和挪威等北极国家相当，是重要的参与国之一。

这是中国第一次参与北冰洋冬季考察航次。雷瑞波在日记中写到：中方队员创造了历史，他们成为中国第一批在北极完全没有折射光的极夜环境下开展冰上漂流作业的科研人员，在MOSAiC里留下了中国印记。

中方队员的活动贯穿整个航次的 5 个阶段，主要完成了以下工作：

● 在气－冰－海相互作用方面，中方一共布放了 1 套海－冰－气无人冰站观测系统、26 套海冰物质平衡浮标、23 套海冰漂流浮标、5 套冰基拖曳式浅层海洋剖面浮标以及 1 套固定层位海洋浮标。观测数据为研究海冰物质平衡过程及其与上层海洋耦合机制的季节变化奠定了基础。

● 在冰区生态学方面，在北冰洋中心区成功布放了我国首套冰基沉积

◎ 在 MOSAiC 中,"极星"号在北冰洋中央区开展漂流观测(雷瑞波供图)

物捕获器。该冰基捕获器与"极星"号一起随海冰漂流,以搜集完整年度的冰下沉降颗粒物,用于分析全球变化背景下北冰洋中心区生物通量的季节性变化及其相应的生物地球化学规律。

● 在冰区生物地球化学循环方面,利用自主研发的温室气体走航观测系统,科研人员首次获得了北冰洋核心区域在海-冰-气界面的重要温室气体一氧化二氮(俗称"笑气")和一氧化碳的重要数据,填补了该研究领域的国际空白。

　　冰芯，对普通人而言是"冰柱子"，但在科学家眼里是一部部可以阅读的"无字天书"。开展冰芯研究，是恢复过去气候环境变化记录的重要手段之一。与南极内陆冰芯不同，北极地区降水量较大，冰芯记录以高分辨率见长，能够辨析气候变化的一些重要细节。正因如此，北极冰芯研究是国际合作的重要内容。

　　20 世纪 60—80 年代，国外科研人员在位于北极的格陵兰冰盖钻取了 Camp Century 和 Dye 3 冰芯，其时间尺度已达到末次冰期，但因冰芯下部分辨率较低以及冰体运动和底部融化等原因，未能很好展现末次冰期气候变化的细节。

　　20 世纪 80 年代末，欧洲和美国在格陵兰冰盖中部最高区域同时启动了两个深冰芯计划 GRIP 和 GISP2，力图详细地重建末次间冰期以来的气候变化。这两支冰芯钻取地点相距 30 千米，冰芯长度分别为 3022 米和 3050 米，时间尺度约为 25 万年。两支冰芯无一例外地揭示了末次冰期时频繁的气候突变特征，但人们仍对末次间冰期是否存在气候突变存在争议。因为冰芯物理特征分析表明，这段时间的记录因冰层结构受冰体运动扰动可能存在倒转。

　　为了验证 GRIP 和 GISP2 冰芯记录的信息，并确认末次间冰期是否存在快速气候变化现象，20 世纪末，科学家在格陵兰冰盖最高区域偏北的地方实施了 North GRIP（NGRIP）计划。NGRIP 冰芯因其分辨率较高，时间尺度为 12.3 万年，不仅进一步证实了末次冰期时的快速气候变化，还揭示了末次间冰期也存在气候突变事件。但是，NGRIP 冰芯接近底部的部分处于融化状态，以至于该冰芯记录未能完全覆盖末次间冰期。

　　针对这一局限，科学家们启动了新的格陵兰深冰芯计划——NEEM 计划，该计划主要针对末次间冰期，而这一时段又被称作 Eemian（对应于海洋同位素 5e 阶段），冰芯钻取地点位于积累率更高、比 NGRIP 更靠北的地方。

　　格陵兰属于丹麦管辖，且丹麦不仅是最早开展格陵兰冰盖冰芯研究的

◎ 效存德在格陵兰 NEEM 深冰芯营地科学坑道内工作（效存德供图）

◎ 效存德（右2）在格陵兰 East GRIP 深冰芯营地向来访的秦大河院士（左2）、丁永建研究员（左1）等介绍工作进展（效存德供图）

国家，还在 GRIP 和 NGRIP 计划中起了主导作用，因此，NEEM 计划由丹麦于2005年倡导提出，2006年确定基本框架，并计划于2007年3月召开首次科学指导委员会会议，随后开启野外现场工作。NEEM 计划几乎联合了世界上所有开展冰芯研究的国家，除原来参加 NGRIP 计划的欧洲国家（丹麦、法国、瑞士、瑞典、德国、英国、荷兰、比利时、冰岛）和美国、加拿大、日本外，韩国和中国也在该计划启动以后被邀请加入。

2007年3月，应 NEEM 计划首席科学家邀请，中国科学院寒区旱区环境与工程研究所冰冻圈科学国家重点实验室任贾文研究员赴哥本哈根，参加首次 NEEM 计划科学指导委员会会议，提出加入 NEEM 计划的申请，并表达了希望承担野外和实验分析工作的意愿。这一提议得到了与会者的热烈欢迎，随后，中国成为该计划科学指导委员会成员。至此，参与 NEEM 计划的共有14个国家。中国参与了2008年及其之后的 NEEM 计划现场工作，由效存德研究员（2016年调至北京师范大学工作）负责。

NEEM冰芯为透底冰芯，于2010年钻取结束，深度达2537米，2011年补充浅冰芯钻取等野外工作。基于这支透底冰芯的分析，科学家获得了一大批研究成果，其中最为显著的是，NEEM团队于2013年在《自然》上发表的文章。该文章指出，格陵兰冰盖对Eemian暖期的响应是"中等"程度的，虽然Eemian初期气温较最近千年平均气温高出约8摄氏度，但冰盖厚度减薄仅约400米，这意味着当冰盖退缩到一定规模后，可能因为入海冰川和快速冰流系统的消失，冰盖转为相对稳定，Eemian时期高海平面部分可能来自西南极冰盖而不能全归因于格陵兰冰盖。任贾文和效存德作为NEEM计划的中国主要研究者也被列入作者名单。

此外，中国科学家还基于格陵兰NEEM冰芯和中国黄土记录的对比研究，在亚洲粉尘向北极传输以及重金属元素在气候环境变化中的关键作用等方面获得了重要成果。例如，作为共同第一

◎ 冰冻圈站网监测考察队员合影（窦挺峰供图）

◎ 中美在阿拉斯加北极地区开展冰冻圈站网监测，图为采集的冻土样本（窦挺峰供图）

◎ 中美在阿拉斯加北极地区开展冰冻圈站网监测，图为海冰反照率对比实验（窦挺峰供图）

作者，北京师范大学教授效存德和中国科学院西北生态环境资源研究院冰冻圈科学国家重点实验室副研究员杜志恒于2020年在《国家科学评论》发表文章，首次重建了该冰芯过去11万年生物活性元素铁序列，并填补了"铁假说"北半球深冰芯数据空白。

当前，我国正在参加东格陵兰East GRIP深冰芯（于2023年钻取2670米）项目。该冰芯的主要目的在于基于东格陵兰冰流与冰盖消融之间的关系，理解过去格陵兰冰架动力学和冰盖融化对海平面的贡献及其环境影响。

2013年，中国成为北极理事会正式观察员国，此后已有多名中国科学家参与了AMAP（北极监测与评估工作组）、CAFF（北极动植物保护工作组）和ACAP（北极污染行动项目）工作组，就候鸟、黑碳与甲烷的气候污染物，冰冻圈和大气监测，海洋酸化等问题展开深入研究。我国不仅参与了大型国际极地科学计划，还牵头实施了国际北冰洋洋中脊联合探测等合作计划，与俄罗斯合作开展了东西伯利亚海联合调查，并与美国、加拿大、俄罗斯、芬兰等多国开展了国际合作考察和科学研究。

◎ 中国牵头实施国际北冰洋洋中脊联合探测计划（中国极地研究中心供图）

2015年，秦大河院士、丁永建研究员、效存德研究员和罗勇研究员等人赴阿拉斯加最北端选址，与阿拉斯加大学北极研究中心建立合作，为中美合作在阿拉斯加北极地区开展冰冻圈站网监测奠定基础。

2016年起，窦挺峰、杜志恒、张玉兰、韩微、李姝彤、李传金等人在阿拉斯加巴罗等地开展北极海冰、浅层海水、气象、冻土、积雪和大气环境综合监测，与阿拉斯加大学北极研究中心合作建成了我国在北美北极地区首个冰冻圈综合监测系统，推动了中国科学院巴罗冰冻圈与环境综合监测站的建立。基于该站获取的冰冻圈监测数据，中美联合在国际高质量期刊发表数十篇有国际影响力的论文，相关成果增进了对北极的认识。

除了冰芯研究，中国科学家在北极研究中还取得了多项重要成果。例如，为探求北极海域对于全球变暖的影响，"雪龙"号曾在加拿大海盆开展海平面二氧化碳的调查，结果显示：在没有海冰覆盖的北冰洋海域，二氧化碳浓度更高。这与科学家最初的估计相反，表明即使在海冰完全消失的情况下，北冰洋海底盆地也不会变成二氧化碳的汇聚池。

中国科学家的研究还揭示了北极海冰消退与中纬度国家气候变化之

◎ 2016年，中国与俄罗斯开展首次北极联合考察，对东西伯利亚海和楚科奇海进行综合科学考察（中国极地研究中心供图）

◎ 中国－北欧北极研究中心成立（中国极地研究中心供图）

间的关系。对冬季北欧亚大陆天气模式统计资料的分析结果显示：由于北极海冰的消退，东亚地区可能会更频繁地经历冬季极端气候事件。

随着科研的推进，我国也不断完善北极基础设施。

北极核心区域是被冰雪覆盖的北冰洋，漂浮的海冰上并不适合建立有人值守的常年考察站。

2004年7月28日，我国正式在斯匹次卑尔根群岛建立北极黄河站，成为第8个在这里建立北极科考站的国家。黄河站的建立，完成了我国南北两极考察站的初步布局，我国极地考察大国的态势日益显现。

2012年，中国第5次北极科学考察队在执行考察任务期间，应邀正式访问北极国家并开展交流活动，并在冰岛周边海域开展了中冰海洋合作调查，开创了中国与环北冰洋国家合作的成功先例，探索了非北极国家与北极国家开展北极合作的新途径。

2013年，中国极地研究中心与冰岛研究中心决定共同筹建中冰极光观测台。2017年9月，中国极地研究中心提出了将中冰联合极光观测台升级为中－冰北极科学考察站，在已有的极光观测研究的基础上，增加开展大气、海洋、冰川、地球物理、遥感和生物等学科的观（监）测任务的设想，冰方表示全力支持。

2018年10月18日，由中国和冰岛共同建设的中－冰北极科学考察站正式运行。该考察站是中国在北极地区除黄河站之外的又一个北极综合研究基地。考察站位于冰岛北部凯尔赫，距阿克雷里市约66千米。根据两国在 2012 年 4 月 20 日签订的《中华人民共和国和冰岛政府关于北极合作的框架协议》，该站是落实两国政府及部门间海洋与极地合作框架的重要举措。中－冰北极科学考察站的建成，极大拓展了我国极地考察的范围和能力，深化了我国与冰岛的科研合作。

2022 年，中国极地研究中心有关部门负责人以在线方式参加了新奥尔松科学委员会会议。中国与北极国家开展的北极领域合作，为推动北极科学研究水平提高、实现北极资源的可持续开发利用做出了积极贡献。随着我国"一带一路"和"冰上丝绸之路"倡议的进一步实施，中国与北欧国家在北极领域的合作空间和潜力将进一步拓展。

守望相助的"地球村"

如果说地球是个村庄，那么极地就是这个村庄的缩小版。在遥远的东南极大陆普里兹湾边缘地区，中国南极中山站、俄罗斯的进步一站和二站、澳大利亚的戴维斯站和劳基地、印度巴拉提站等多国考察站星罗棋布，共同守护这片纯净而神秘的土地，它们不仅是各国科研的前沿阵地，更是人类团结与友谊的见证。遇到重大节日，各国队员之间会相互拜访，有困难时，大家都毫不犹豫地伸出援手，在这严酷的环境里，温情暖人心。

在我参加的中国第 27 次南极科学考察中，一次国际极地大救援就是生动的诠释。

故事的主角是昆仑站队随队医生、来自青海省人民医院的赵顺云医生。2010 年 12 月 29 日，经过十几天跋涉，包括赵顺云在内的昆仑站队队员抵达海拔 4087 米的昆仑站。当时赵顺云偶尔会感到呼吸不畅，并有轻微气短气促症状。作为来自青海的医生，他意识到这是先兆高原反应。

然而，昆仑站所在的冰穹 A 地区空气含氧量仅为平原地区的 57%，大部分队员都有不同程度的高原反应。他认为出现上述症状属于正常反应，当时并没有往心里去。

2011 年 1 月 2 日早晨，他用便携式心电血氧监护仪测了下血氧饱和度，只有 54%，与队友的 70% 相比，明显偏低。这让他多少有些紧张。

副领队、昆仑站队队长夏立民得知情况后，嘱咐他尽量减少活动，补充营养，多注意休息。

从 1 月 2 日起，他每天只喝少量汤、扒几口饭。吃多了怕心慌，也吃不下。他难受得坐立不安，每天从乘员舱出发，绕昆仑广场走圈，不到 300 米的路程，走一圈需花 40—50 分钟。

1 月 3 日，情况并未好转。但大家在昆仑站时间紧，任务重，赵顺云希望自己挺过来，不给队里增加麻烦。但后来情况越来越严重，稍微活动一下胸口就会发紧。这时他就坐在乘员舱的雪橇角上，双腿并拢屈膝，双手抱腿，头搭在腿上，这样的日子特别难熬，可以说"度分如年"。实在撑不住了，他就回乘员舱吸氧。

1 月 4 日，情况没有好转。

1 月 5 日下午，他感觉心脏不舒服，出汗、胸闷、心律不齐，呼吸困难，未吸氧状态下血氧饱和度降至 45%，吸入高浓度氧气后才能达到 65%，虽然缺乏抽动脉血检查血气分析的条件，但作为医生，他根据既往经验判断，如此低的血氧含量提示其已并发呼吸功能不全。

在各有关单位组织协调下，国内高原病专家远程会诊，一致认为考虑高原病成立，目前务必要在 24 小时内将病人从高海拔地区转送至低海拔地区。1 月 6 日，综合时间、路程等因素考虑，国家海洋局极地考察办公室向澳大利亚南极局正式提出救援请求。

1 月 7 日凌晨，除了在乘员舱留守电话的队友，昆仑站队 13 名兄弟开着 3 辆雪地车，前往约 2 千米外的昆仑站机场为赵顺云送行。

其实，赵顺云承受着很大的心理压力。作为昆仑站队唯一的队医，他知道自己的提前撤退会影响到大家的情绪。但昆仑站医疗条件简陋，队里无法提供医疗救助，仅仅依靠队上的雪橇车转送至有条件的救治单位恐怕已来不及。

当被抬上澳大利亚固定翼飞机时，赵顺云抬了抬手，他想冲弟兄们笑笑，却明显感觉眼睛有点湿润，他能感觉到兄弟们被墨镜遮挡着的眼睛也开始流泪。"你们再坚持十来天就可以撤了,到时候我来接你们。"赵顺云挤出了这句话。

回程很顺利,飞机安全抵达戴维斯站冰盖机场后,赵顺云当即被澳方直升机转送到了戴维斯站医院。由于在数小时内迅速降低了海拔高度,赵顺云的胸闷憋喘症状得到显著改善,转危为安。

在国际科学考察大家庭中,中国也展现了有担当的大国形象。

2016年11月,印度巴拉提站几名队员在前往俄罗斯冰盖机场探查撤离路线时,所乘坐的四轮摩托车从约6米高的冰面上翻滚下坡,该摩托车机械师受伤严重。在中山站站长汤永祥的指挥下,中山站迅速行动起来,医生陈俊立即为伤员进行初步救治,同时,中山站派出车辆前往俄罗斯进步站接俄罗斯站医到站,进行三国站医会诊。在大家的共同努力下,伤员脱离了生命危险。

除此之外,在南极,中国极地考察船"雪龙"号是各国科考队员的守护神。2013年12月24日凌晨,"雪龙"号上的"雪鹰102"直升机,经过6次飞行,成功将俄罗斯"绍卡利斯基院士"号上的52名乘客安全转移;2020年12月17日,"雪鹰301"成功协助澳大利亚戴维斯站1名队员紧急撤离……

这些救援行动不仅彰显了人类面对自然挑战时的团结协作,也体现了"地球村"中守望相助、共克时艰的精神内涵。各国科考队员用实际行动诠释了人类命运共同体的深刻意义。

◎ 冬训（中国极地研究中心供图）

——— 第 13 章

雪域仁心
筑生命守护屏障

40年来，中国极地科学考察稳健前行，创造了无队员在南极牺牲的纪录。这离不开"平平安安去，顺顺利利回"的坚定信念，更离不开"一个都不能少"及生命至上的执着理念，在其背后，极地医学的坚实支撑发挥了至关重要的作用。

极地医学，一个在极端环境中孕育而生的医学分支。它不仅守护科考队员的健康，提供医疗保障，更在科考队员选拔方面发挥着不可替代的作用。值得一提的是，南极独特的极昼极夜现象、长期封闭隔离状态，与航天员在太空中的生活环境有着诸多相似之处，因此，在南极开展的医学研究所积累的数据与经验，为航天医学的保障与发展提供了新路径，跨界助力我国载人航天事业蓬勃发展。

生命至上

提及极地医学，人们总是津津乐道列昂尼德·罗戈佐夫的"超人"故事。

作为苏联南极科考队的医生，1961年，列昂尼德患上了急性阑尾炎。在没有外援的情况下，列昂

◎ 中、俄、印三国冰盖排球赛（中国极地研究中心供图）

第 13 章
雪域仁心

尼德作出了一个医学史上极为罕见的决定：自己给自己动刀。

为了在手术过程中保持清醒，他控制了麻药的用量，以便亲眼看到自己的内脏器官在手术刀下是如何一步一步地被操作的，不过这样做的弊端也很明显，他得忍受肌肉被撕裂的剧痛。为了看得更清楚，他还让队友们用平面镜不停地变换角度，确保没有错过任何细节。

手术进行到一半，麻药的副作用显现，列昂尼德陷入昏迷，幸运的是，短短几分钟后他又恢复了意识，并继续手术。这场在普通医院仅需半小时左右的小手术，在南极洲竟然花了整整3倍的时间。尽管列昂尼德完成了这场医学界的"极限挑战"，但这样的壮举不能成为常态。

在南极这个充满未知与危险的地方，医疗保障的重要性不言而喻。随着科技的进步，如今的南极考察已不如探险时代那样危险，然而强大的医疗保障能力仍是科考任务顺利完成的重要一环，人类如何在如此恶劣的自然条件下"生存"，依然是备受重视的课题。

一些国家对考察队员在南极遇到的医学问题进行了详尽的统计和研究。以日本为例，自1957年起，其共对20次科学考察进行过统计。结果显示，各次考察队队员疾病发生情况大致相似，夏秋季因运输和建设繁忙，肌肉疼痛、关节炎、腱鞘炎类主诉较多，同时作业中发生骨折、摔伤、挫伤等较多，而冬季则可能出现一氧化碳中毒现象，越冬队员在每年6、7月（冬季的中间）失眠倾向增多。因此，根据历年疾病发生及可能发生情况，日本的考察站设立了独立的医务室，其设备完善，医疗水平相当于日本中等规模的医院：外科可做一般小手术、阑尾切除术、开颅术、胃肠吻合术等，整形外科（包括骨科）可处理骨折、脊椎疾患，皮肤科及泌尿外科可做皮肤移植、肾摘除手术，内科、眼科、耳鼻科可进行一般疾病处置，放射科有大型X光机，麻醉科可做气管内全身麻醉，牙科可进行如普通拔牙、填补牙髓等简单处理。

我国自1984年开展首次南极科学考察以来，按照国家极地考察任务要求，考察队都会配备随队医生，负责考察队日常医疗保障任务，包括考察队员身心健康情况的全面评估、所有疾病的及时诊断治疗、公共卫生事件的预防和处理等。当然，在这方面我国还有很大提升空间。

曾经在参观澳大利亚凯西站时，我国考察队队医对其站区医院产生了浓厚兴趣。一个重要原因是，凯西站医院拥有数字式 X 线机、全套的血液化验设施、牙科诊疗仪器，还有用于培训急救技能的假人模型等，不少设备可与我们国内一流医院的媲美。相比之下，当时我国中山站医务室则显得面积较小，设备简陋，只能承担一般的医疗保健工作，如进行简单的血糖、血压和心电图等实验室检查。

2010 年 1 月，在中山站施工现场，一辆停在斜坡上的装载车突然下滑，撞到了正在埋头作业的能力建设队队员苏德强右下腹。苏德强当时就痛得躺倒在地。时任中山站站长胡红桥和站医朱亲耀迅速组织队员，将他抬到了医务室。经检查，老苏的右下腹隆起了一个拳头般大小的肿块，身体其他部位均未受伤。

当时中山站医疗设施正在建设中，医务室没有 B 超，无法诊断老苏腹部的内伤。朱亲耀和胡红桥紧急磋商后，决定把老苏送到邻近的俄罗斯进步站做进一步检查。

到了进步站以后，热情相助的俄罗斯医生赶紧用 B 超检查，发现老苏的腹腔内有大量积血，需要立即进行手术，否则有生命危险。打开老苏的腹腔后，医生发现他的肠系膜血管破裂，出了三四千毫升的血，腹部肌肉也出现了大面积撕裂，还有一截大约 20 厘米长的肠子颜色发黑，明显坏死。这种手术即使在国内也属大手术，甚至需要下病危通知单。

在南极进行这种大手术更是不易。止血后，医生还需切除一段坏死的肠管，再重新缝合起来。在此过程中，病人必将大量失血，急需外来血液补充。为了挽救队友的生命，中山站全体队员立即行动起来组织献血。

手术持续了 9 个半小时，很成功。然而，人们还没来得及高兴，处在麻醉状态的老苏就出现瞳孔放大、脉搏消失，甚至连血压都量不到了。此时，守护在老苏身边的考察队友们，在他耳边一遍又一遍地呼唤着他的名字，一次又一次地告诉他许多人都在等他回去，千万不能就这样永远地留在了南极。

大家的爱心和坚守终于迎来了奇迹。9日凌晨5点多，苏德强从麻醉中缓缓苏醒过来，顺利闯过了"鬼门关"。

在南极，这样的意外并非个案。例如，在2004年中国第21次南极科学考察中，随内陆冰盖考察队挺进冰穹A的机械师盖军衔高原反应严重，无法继续前进。无奈之下，考察队只好呼叫美国南极科考站支援，以固定翼飞机紧急运送盖军衔返回新西兰，经抢救才脱离危险。

2013年2月11日，中国南极长城站机械师彭秦岭在长城站码头进行吊车起吊作业时，吊车意外失去平衡，发生侧倾约30度。彭秦岭判断吊车会发生侧翻，因而选择跳车，落地时意外摔倒。经现场医生紧急检查，初步诊断为右股骨骨折。医生随即对其伤情进行紧急处置。经中国极地主管部门和智利方面共同努力，彭秦岭被送往智利蓬塔阿雷纳斯，于当地时间13日晚顺利接受手术。

40年来，我国没有在南极发生一例死亡事件，医疗保障能力也不断增强。

2022年12月下旬，我国在建的第五座南极科考站秦岭站的一名考察队员在作业时意外从高处坠落，右手及头面部着地，伤口流血不止，右上肢活动障碍，全身多处疼痛。

消息传到"雪龙"号，考察队在紧急磋商后听取了随船保障医生、海军军医大学第三附属医院（上海东方肝胆外科医院）普外科医生余居殿的建议，决定立即返航。待现场查验伤员情况后再做下一步计划，尽量动用现有医疗力量进行救治，必要时再启动国际医疗救援。

经过20多个小时的破冰航行，"雪龙"号顺利抵达新站附近海域。在凛冽的寒风中，余居殿通过海空接力的方式，搭乘船上的直升机飞抵现场。

接诊后，余居殿详细了解了伤员受伤过程，仔细检查了各项指标。结合患者的症状，凭借多年临床工作经验，余居殿当机立断——依靠"雪龙"号现有医疗条件和自身医疗技术完全可以救治。他用提前准备好的夹板固定伤员右上肢骨折处后，将伤员用担架运送至直升机。在返回"雪龙"号后，他又为伤员进行了面部清创及缝合，对右前臂骨折处进行了石膏托固定并悬吊三角巾，还加强对伤员的心理安慰，嘱咐患者卧床休息静养，并派专人陪护，密切观察病情。

在积极治疗和悉心护理下，伤员病情很快稳定下来。半个月后，这名队员顺利回国接受进一步检查，影像学结果证实了余居殿在极地期间的诊疗完全正确。

目前，我国在4个极地考察主要工作点设有医务所（长城站、中山站、"雪龙"号和"雪龙2"号），并配有一定的医疗设备。为了更好地实现专业化管理，加快我国极地医学技术的进步，中国极地研究中心经过调研和慎重考虑，决定将这4个极地工作点医务所交给上海市同济大学附属东方医院托管，同时设立专门的医疗点。2019年，上海市同济大学附属东方医院与中国极地研究中心合作成立了国家极地考察医疗保障与研究中心，承担起我国极地考察医疗保障工作，包括极地医生选拔、特训与业务管理、极地药品及医疗耗材供给等职责。

快乐越冬有缘由

在南极常年考察站中，每个站的人数差别很大，从几个人到上千人不等。美国的麦克默多站相当于一个小城市，有旅馆、电影院、体育馆、餐厅、住宅区、仓库和科学实验室。然而，这样的考察站毕竟是少数。南极的极端环境造成了长期的"隔离"状态，对考察队员的心理健康构成极大挑战。

尽管南极考察站中精神病和严重神经衰弱的发生率相对较低，但是一定程度的精神障碍是存在的。与生理反应相比，考察队员若出现心理问题，后果将更加严重。习惯了都市繁华生活的他们，来到这个连掉根针都能听到响声的极静世界，经常会出现失眠、食欲减退等症状，甚至可能出现脑功能减退、记忆力下降、感情冲动和急躁等不同程度的心理反应。曾有外国科考队员因不甘寂寞与孤独，而私自外逃或酗酒过量，最终不幸身亡。

鉴于南极大陆既无花草树木，也无土著居民的特殊性，各国主要以本国考察队员为研究对象，通过比对研究结果，获得人类在南极的生理、心理与行为的适应规律。20世纪50年代，欧美等发达国家就在南极大规模建站和考察，积累了大量的本国考察队员生理心理数据。我国队员体质和心理素质与西方人差别很大，亟须开展自己的南极医学研究，并提出针对我国队员特点和符合我国国情的医学保障对策。

1982年，当时的卫生部加入国家南极委后，便委托中国医学科学院基础医学研究所负责组织南极医学研究，并指定薛全福主持工作。之后，在南极办及卫生部、中国医学科学院的支持下，中国医学科学院基础医学研究所自筹经费组织力量开展研究。"七五"期间，中国医学科学院基础医学研究所与同仁医院内科协作，于1986年对中国第3次南极科学考察队16名考察队员进行了登陆南极前后的身体状况监测，发现队员们肺功能11项指标、心电图及心功能9项指标均无明显变化，但反映心射血功能的心室射血时间明显延长，射血前期缩短，表明他们的心射血功能出现了代偿性增强。值得一提的是，该项目为期十年，参与者五入南极，研究了在南极特殊环境下127名队员的生理和心理变化。

科学研究发现，考察队员在南极居留4—5个月后，会产生一系列典型心理行为的改变和甲状腺激素含量的变化，这些变化在国际上被称为"南极T3综合征"，并与抑郁等不良情绪的产生密切相关。

与度夏队员相比，越冬队员要在超常的寂寞条件下度过漫长的一年零四个月，因此更容易出现抑郁、焦虑等常见的心理变化和神经、内分泌、免疫功能紊乱的"越冬综合征"。特别是极夜期间，光照的极度不平衡会使考察队员体内的褪黑素激素水平失准，导致不同程度的昼夜节律紊乱。

"南极T3综合征"与"越冬综合征"明显相关，但其生理心理机制还不明了，目前已成为国际极地生理学、医学和心理学研究的焦点。为了深入探究这些现象，每次南极科学考察队出征前夕，针对中山站越冬队员的医学研究都会提前展开。研究人员会与越冬队员签署知情同意书，并给每个人发放一系列生理心理问卷，同时采集队员唾液和静脉血样，测量心肺功能、睡眠状态等生理功能。在南极考察期间，随队医生将对越冬队员进行持续的医学监测。最终，通过开展赴南极出发前、南极越冬期和离开南极3个不同时间段共计10个月的动态对比研究，进行心理–神经–内分泌–免疫网络调节指标测定。

与海洋、冰川、地质和高空物理大气等研究不同，医学研究的对象是人，最需要考察队员的全程配合。但是，反复采血往往招致队员抵触，加上每位队员都承担着自己的科考任务，这使得动态采集队员血样的工作难上加难。尽管如此，研究人员凭借耐心解释和真诚沟通，往往能够化解分歧，赢得队员的理解与支持。

徐成丽是一位从事生理与病理生理学研究的学者，在中国科学院动物研究所获得硕士学位后，便加入了中国医学科学院基础医学研究所，致力于该领域的科研和教学工作。她自2001年起，承担"南极科考队员生理心理适应性变化机制及其防治研究"课题，至今已经坚持了20多年。

对2005年3月的一次血样采集经历，徐成丽仍记忆犹新。当时，中国第20次南极科学考察队越冬队员乘"雪龙"号返回上海，按照设计方案，队员已完成出发、极昼、极夜3个时间点的血样采集，此次徐成丽要登船采集队员返回上海这个时间点的血样。可没想到在这个关键时刻，有些队员决定不再参加抽血任务了。当时，徐成丽急得想大哭，但哭没有用，只好强行镇定下来，赶紧想对策。在领导的支持下，她紧急召集队员开会，动之以情，晓之以理，尽力说服队员。为了增强说服力，她为队员做心功能、肺功能检测，并将检测结果与他们出发前的数据进行比较，耐心地向他们分析在南极工作一年多来身体的微妙变化。经过连续16个小时的不懈努力，队员

◎ 徐成丽（着白大褂者）在采血样（徐成丽供图）

们终于被徐成丽的真情打动，也被她的敬业精神深深打动，最终同意参加此行最后一次血样采集。

在长期研究中，徐成丽深感亲自前往南极非常重要，这不仅有利于自己更好地对队员生理心理变化数据作出解释，还能为未来的研究提供更深入、全面的视角。幸运的是，2005年，作为国家自然科学基金项目"（南极）特殊环境下机体的免疫神经内分泌和心理变化及其相互关系"承担人，她终于获得前往南极科考的宝贵机会。

一年后，徐成丽又被选派为中国第24次南极科学考察队队员，并于2007年11月至2008年4月，再次随"雪龙"号远赴南极中山站和长城站。当时正值第4个国际极地年期间，由我国科学家提出和领衔的PANDA计划成为该国际极地年核心研究计划之一。徐成丽所承担的任务是国际极地年中国行动计划内陆冰盖考察涵盖的八大任务之一——低氧高寒环境下的人体医学研究和医学保障。

在这片白雪茫茫的南极大陆上，内陆考察队队员要深入大陆几百千米甚至上千千米，完成近似于探险活动般的科学考察，而徐成丽及其团队则要对内陆冰盖考察队队员开展系统的生理学、病理生理学、医疗紧急救援和医学保障等方面的研究，同时还要通过问卷调查的方式，对队员进行心理检测及急性高原病等级评估。

随着昆仑站的建立，考察队员面临着更为严峻的生理和心理挑战。昆仑站所在地年平均气温为零下58.4摄氏度，1—4月气压在558—584百帕，氧分压比海平面地区减少约40%，相

◎ 国务院领导慰问科考队员，一排左三为国务院原副总理曾培炎，二排右一为徐成丽（徐成丽供图）

当于中低纬度高原海拔4000多米的水平。这种低氧复合酷寒的环境容易引起科考队员高原反应、心血管功能紊乱、免疫和代谢网络稳态失衡。为了应对这一挑战，在多个国家自然科学基金面上项目、极地专项、973计划和有关部门经费的长期支持下，徐成丽及其团队对相关队员进行了长期、系统的生理心理同步动态的分析研究。

2003—2015年，徐成丽完成了对8支南极冰穹A冰盖考察队、11支中山站越冬队、3支长城站越冬队，共22个队列406名考察队员的系统医学分析，数据集汇交极地科学数据共享平台，初步探得长期居留南极的越冬队员的社会心理-免疫-神经体液-内分泌调节网络的适应性变化；初步探得短期内在南极冰穹A工作的考察队员对低氧复合高寒环境的生理、心理适应性，即从整体、心脏、脑、肺和血液系统功能，社会心理-免疫-神经体液-内分泌调节网络，外周血白细胞全基因组表达谱型等水平取得的数据进行分析和整合，从整体上探讨应激的分子、细胞、器官、系统之间的相互作用，为医学防治提供关键数据。

2015年4月，徐成丽与蒋澄宇课题组合作，在国际权威期刊《分子精神病学》发表原创性研究论文。该论文为揭示人类表型变化与机制之间的联系提供了新的方法。这是自1962年以来，国际南极医学研究领域SCI收录影响因子最高的非综述研究性论文，为后续研究和医学防治提供了新的生长点。该研究首次开展人类对南极冰穹A地区适应的生理、心理表型变化与全基因组表达差异基因间的关联分析；首次报道外周血去除红细胞的血细胞基因表达的变化会"预测"心理、生理表型的变化；发现情绪紊乱（包括紧张、焦虑、抑郁、愤怒和疲劳）与男性激素睾酮水平存在很强的线性正相关；证明了外周血去除红细胞的血细胞全基因组表达差异基因富集功能集与心理、生理适应的表型变化一致，鉴定了与情绪状态紊乱密切相关的70个差异基因，其中42个基因已报道，并提示余下的28个基因可能是与情绪状态紊乱机制相关的"情绪基因"。

从2001年至今，中国医学科学院基础医学研究所在长城站、中山站、昆仑站和泰山站对共35支考察队开展了生理心理动态监测，数据汇交极

◎ 科考队员选拔现场（中国极地研究中心供图）

◎ 高原集训（中国极地研究中心供图）

地考察数据平台，建立了我国南极考察队员生理心理数据库，获得不同考察站队员的生理心理适应模式。中国医学科学院基础医学研究所与国家海洋局极地考察办公室共建"极地医学联合实验室"，极大地推动了南极医学工作的开展。

徐成丽及其团队的长期系统研究表明，中山站越冬队队员主要出现昼夜节律紊乱和睡眠障碍，昆仑站内陆冰盖考察队队员主要出现高海拔低氧复合极寒引发的心血管功能紊乱、免疫和代谢系统稳态失衡。这些研究成果，为考察队员的选拔、站务管理和有关政策制定等，提供了科学数据和建议。

在国家海洋局极地考察办公室领导下，2018年，中国医学科学院基础医学研究所牵头制定了中华人民共和国海洋行业标准《极地考察队员岗前体格检查要求》（HY/T236-2018）。这是中国首个科学性、规范性选拔南极考察队员的行业标准，目的是最大程度地降低队员在南极极端环境下发生潜在疾病的健康风险，为优化工作时间、站务管理、医学防治等提供了依据和保障。

跨界联手新篇章

南极大陆具有地球上最为独特的"极地大陆冰原气候"，常年低温酷寒、风暴频繁、雨量较少，其季节上仅有夏季（12月至翌年2月）和冬季（3月—11月），中山站区域有2个月的极夜（5月中旬至7月中旬）和2个月的极昼（11月中旬至翌1月中旬）。极端的光照条件、隔离封闭的空间环境，让在南极越冬的科学考察队员的生理和心理状态与执行长期空间任务的航天员的有诸多相似之处。正因如此，南极医学研究积累的第一手现场数据资料十分宝贵，不仅可以应用于南极医学保障，还为我国载人航天和空间站人员的医学保障开辟了新的视角和路径。

事实上，将南极作为空间站类似的研究场所，收集南极队员的生理心理数据资料服务航天医学保障，已是国际惯例。欧美等发达国家早已在此领域开展深入研究，以期通过对比研究提升航天医学的保障水平。

随着我国空间实验室任务的确立，我国航天员和科研人员将长期驻留空间站，这对我国的航天医学保障提出了更高要求。在此背景下，徐成丽等科研人员正积极利用南极的科研资源，深入开展南极与航天的类比研究。他们希望通过这一跨界合作，探索出更加有效的航天医学保障策略，以满足国家战略需求，推动我国载人航天事业持续发展。

未来，随着科技的进步和国际合作的深入，南极与航天领域的跨界联手将更加紧密。在不久的将来，其研究成果将为人类探索未知、拓展生存空间提供更加坚实的医学保障。

◎ 上岸（付运和供图）

双翼齐飞

守极地记忆遗产

自1984年以来，我国极地科学考察保障能力得到大幅度提升，也取得了众多举世瞩目的科学考察研究成果。在"爱国、求实、创新、拼搏"的南极精神鼓舞下，在我国极地科学考察的过程中，涌现出了许多可歌可泣的英雄事迹和先进模范集体与个人。南极精神薪火相传，激励着越来越多的人投身到极地科学研究中。

"穷理以致其知，反躬以践其实。"科学研究既要追求知识和真理，也要服务于经济社会发展和群众生产生活。科技资源既要"顶天"，又要"立地"，才能成为社会发展的新引擎。伴随着极地科学考察的开展，极地科普工作也取得了显著成效，在社会各界引起强烈反响，它像一座桥梁，连接着科学家与公众，让科研成果更好地服务于社会，也让公众更加了解极地、关注极地，理解和支持极地科学探索事业。

科学家精神薪火相传

坐落在黄河之滨的兰州大学拥有110多年办学

◎ 迎接北极第一缕曙光（中国极地研究中心供图）

321

第 14 章
双翼齐飞

历史，始终坚守"自强不息、独树一帜"的精神追求，形成了独特的"兰大方案"。在这片沃土上，地理与地貌学家李吉均院士培养了百余名弟子，他和秦大河院士、效存德教授师生三代先后勇闯地球"三极"的故事，一时传为学术佳话。

李吉均的冰川情缘始于1958年。当时他年仅25岁，参加了由我国冰川学奠基人施雅风率领的高山冰雪利用考察队，首次亲眼见到魂牵梦萦的祁连山，并与冰川有了第一次亲密接触。此后，他将研究中国地理地貌的"前世今生"作为毕生事业，工作内容再也没有离开过冰川。

从现代冰川到古冰川，从大陆性冰川到海洋性冰川，从祁连山到青藏高原，李吉均徒步考察了全国大部分典型的现代冰川和古冰川遗迹。考察结束后，他及团队共同撰写的中国冰川研究专著《祁连山现代冰川考察报告》，为后续青藏高原冰川考察研究率先进入世界前沿奠定了基础。

1973年，已届不惑之年的李吉均参加了青藏高原综合科学考察，并担任冰川组组长，负责西藏地区以及后来横断山的冰川考察研究。当时，青藏高原等人迹罕至的地域在地图上还是一片空白，交通原始、环境复杂。科考队在探索途中还要面临多种突发问题，匪患骚扰、翻车遇险、牦牛坠崖、迷路断粮等。即便如此，他们始终乐在其中。

在接下来数十年里，李吉均踏遍青藏高原的山山水水，但也积劳成疾，在西藏羊卓雍湖畔患上了严重的肺水肿。晚年时，因手术失败，李吉均身体有了残疾，行动多有不便，但只要身体允许，他都坚持出野外，认为开展野外工作是地理学工作者理论结合实际、学以致用的最好方法。80岁以后，他仍多年坚持对甘肃陇西盆地新生代沉积和地貌演化开展考察。

有一次媒体采访李吉均，他笑言："我前两天做梦还梦见冰川，梦见自己睡在冰川上。"回顾自己的学术道路，李吉均将自己的成功归结为"持久地追求理想，持久地追求科学真理"。这种精神不仅成就了他的个人事业理想，更影响着一个学校、一个学科，乃至众多怀揣研究梦想的一代代学人，包括他的学生秦大河。

1990年3月3日，一支由6名不同国籍的科学家组成的科考探险队实现了一项壮举——他们经过220个昼夜的艰苦跋涉，徒步行进5968千米，实现了人类历史上首次不借助机械手段徒步最远距离南极大穿越。在一张当时拍摄的照片中，一个脸庞瘦削、黑红还有些冻伤的中年人站立在南极冰层上，手举五星红旗，这就是我国徒步穿越南极大陆第一人——秦大河。

穿越行动的成功震惊了全世界。1990年3月8日，科考队乘坐苏联极地考察船离开和平站，8天后到达澳大利亚港口城市弗里曼特尔。之后又经过法国、英国、美国等地。所到之处，受到当地民众的热烈欢迎。最令秦大河难忘的是，华侨们高举着横幅，上面写道："我们是中国人　我们为你感到光荣。"

秦大河的事迹亦如一粒饱满的种子，深深根植于有志于科研的学者心中，效存德就是其中的杰出代表。

1991年，当听说秦大河的故事时，效存德还是兰州大学地理科学系的一名本科生。本科毕业时，他放弃了保送兰州大学攻读研究生的机会，于1992年报名并考取了中国科学院冰川所研究生，如愿成为秦大河的弟子，开始了人生新的起点。

1992年6月进入中国科学院冰川研究所后，效存德获得了很多的寒区野外考察机会。短短数年间，他踏遍祁连山、天山等地区，参与了"七一"冰川考察，中日联合青藏高原冰川、气候和水文考察，帕米尔高原公格尔冰川考察，中美联合珠穆朗玛峰地区远东绒布冰川科学考察等一系列科考活动，在一次次的艰辛和磨难中，积累了在高寒极区生存并开展工作的技巧和方法。

1994年年底，由中国科协主持、中国科学院组织的"中国首次远征北极点科学考察"活动终于启动。年仅25岁的效存德一路过关斩将，通过了有着魔鬼训练营之称的松花江冬训和加拿大哈得孙湾冰上集训。1995年4月23日，"双水獭"飞机将他和6名中国同事、9名美国探险队员、20条剽悍的北极犬带到北冰洋腹地。效存德从此开启其徒步向北极点行进的征程，经过13天的艰苦跋涉，圆了自己的极地探索梦。

效存德曾经这样评价导师秦大河对自己的影响："他对学生要求非常

严格，因为做研究容不得一点马虎。"他始终将导师的话牢记心中，在"中国首次远征北极点科学考察"中取得的系统科研成果，为中国加入国际北极科学委员会（IASC）提供了重要的前期基础。此后，他还前往南极，建立了中山站至冰穹A的气–雪–冰界面过程完整监测断面；基于人类首次到达南极冰盖最高点冰穹A的考察与研究成果，启动了在冰穹A开展深冰芯的科学计划，为国际冰冻圈科学界所瞩目；并为3年后在冰穹A建立中国南极昆仑站奠定了基础。

作为效存德的学生，杜志恒如今是中国科学院西北生态环境资源研究院冰冻圈科学国家重点实验室的副研究员。出生于1986年的他已经3次参加南极考察。杜志恒说："1989年，秦大河院士不畏艰难险阻，徒步穿越南极大陆，极大地提升了我国极地冰冻圈研究在国际上的地位。我的导师效存德教授1997年参加了中国首次徒步远征北极点的科学考察。他们的科研经历和科研成果激励着我们在冰冻圈科学领域不断深耕，努力成为一名优秀的极地科研工作者。"

如今，极地科考已经发生了变化——规模化、机械化作业逐步替代传统人力操作；自动化观测系统逐渐代替人工值守；"90后"科考队员代替了许多"60后""70后"，成了南极科考的主力军。这些变化也让杜志恒意识到，科研工作更需要时刻更新自己的知识储备，要珍惜来之不易的科研机会。

传授科学知识，传承科学家精神，这样的故事不仅仅发生在冰冻圈。在武汉大学许多学子心中，中国极地测绘奠基人与开拓者鄂栋臣的"开学第一课"，是他们难以忘怀的共同记忆。

鄂栋臣曾7次远征南极、4次奔赴北极，是我国唯一同时参与过南、北两极，长城站、中山站、黄河站三站创建工程的科考元勋，还是我国第一张南极地形图的绘制者，更是我国极地测绘遥感科考总体方案的设计师。鄂栋臣常常向学生讲述极地科考的亲身经历，展示从南极带回的珍贵标本、实物。很多入校新生都听过鄂栋臣的报告，其中不少学生受到启发，在继续深造时选择了极地测绘专业，并最终参与到极地考察中来。

1996年的新生大会上，鄂栋臣教授的一场极地科考讲座，就在大一新生艾松涛心中种下了一颗探索极地的种子。读研究生时，他主动加入鄂栋臣的团队，锚定了自己的人生方向。

"我感触最深的，是鄂老对极地事业几十年如一日的坚守。极地测绘没钱赚又吃苦，很多人不愿意干，鄂老师坚持，有钱没钱都尽量去干，并带领我们不断跟踪国际前沿、掌握最新动向。"截至2024年，艾松涛已先后16次参与极地科考，并建立了中国境外首个北斗监测站。如今，作为中国南极测绘研究中心副主任，他牵头开设通识课"走进极地"，将这份热爱与责任传递给更多的年轻人。

武汉大学2023级博士研究生褚馨德是中国第40次南极科学考察队中最年轻的成员。此次考察中，他在"雪龙"号和中山站等照片墙上，看到了一张又一张曾经年轻的面孔：鄂栋臣、张小红、王泽民、庞小平、艾松涛、张胜凯、周春霞、杨元德……前辈们前赴后继的身影，如同璀璨星辰，照亮了褚馨德前行的道路，也更坚定了他的努力方向。

社会共力科普传播

极地，这个遥远而神秘的地方，不仅是自然环境的宝库，更是全球气候变化的晴雨表。极地事业的每一步发展，都关乎地球的未来和人类的福祉。然而，极地事业并非孤立存在，它深受社会环境的影响，同时也需要社会各界的广泛支持。公众的积极参与，是推动极地事业发展的重要力量。

"中国首次远征北极点科学考察"活动，光筹备就花了两年时间。而在项目启动之初，首先难倒总领队位梦华的是经费问题。1993年，尽管中国科学院作为组织单位参与其中，但其仅能拿出20万元经费支持。面对资金困境，位梦华深情呼吁："谁肯提供一点钱，我就豁出一条命！"这番话感染了他的好朋友、《科技日报》高级编辑曹乐嘉。曹乐嘉被这份从理想中渗透出来的悲壮感所触动，随即以"小人物，大世界"为题，在报纸上发布了捐款倡议，这一行动逐渐撬动民间力量纷纷筹款。

管中窥豹，通过这个片段，我们不仅看到在科学考察事业中个人的决心与坚持，还看到了媒体及媒体人在推动公众参与极地事业的积极贡献——他们不仅是信息的传递者和记录者，还是外界获得考察队动态的重要"窗口"，激发公众兴趣的中坚力量。

新华社的朱幼棣曾是中国首次南极科学考察队随队记者。他用镜头和笔触，将极地考察的艰辛与壮丽、科学探索的严谨与激情，生动呈现在世人面前。他曾经这样回忆南极之行发稿的不易：

> 那时我国改革开放开始不久，经济条件差，没有破冰船，考察队的装备也简陋，艰苦自不待言。南大洋考察，进入南极圈后，发稿靠船上的一部海事卫星电话。涌大浪高，站立不稳，只能趴在地上发稿。南极圈附近，海事卫星分布少，特别是回传扫描新闻图片时，船一颠簸，发生倾斜，通信中断，信号消失，图片就传坏了。有时传一个文稿要半小时，传一张照片要花三四个小时。特别是南大洋考察时，遇到了极地强气旋风暴，"向阳红10"号螺旋桨多次露出水面空转，可谓危险异常。

如此困境，并没有让朱幼棣退缩。相反，在考察队队员的感染下，他坚定了将考察实况传递给社会公众的决心。正是有了像朱幼棣这样的媒体人，公众才得以穿越千山万水，身临其境般感受科学探索的过程，从而对极地考察产生浓厚兴趣与敬意。

武汉大学中国南极测绘研究中心研究助理耿通曾表示，自己在上初中时，看到了昆仑站建站的新闻报道，由此对这片遥远而又神秘的土地十分向往。后来，他作为学生代表，到位于上海的中国极地考察国内基地码头送极地科考队员上船，参观了"雪龙"号，更加憧憬有一天能够成为其中一员。如今，他正在实践中不断积累经验、提升能力，努力追赶前辈们的脚步，向更多极地的未知领域迈进。

此外，纪录片、电影、电视剧等影视作品，吸引了更多人关心极地及极地事业。很多人一生中未必有亲赴南极的机会，这些方式可以有效构建公众与南极的心灵之约。

1989年，中国第5次南极科学考察队首次奔赴东南极。此行的一个特别之处在于，由南极委与四川电视台联合组织的《长城向南延伸》电视剧摄制组随考察队同行。摄制组包括导演唐毓椿、副导演兼演员张国立，以及演员金乃千、郑在石、李国华，摄像师张黎平、美工杨泽明。他们欲以创建长城站为背景，拍摄一部反映奋争精神的剧作。

几名专业演员撑不起一台戏，需要大量队友参与演出。郭琨队长有令："建站是任务，参加电视剧拍摄也是任务，需要拍戏时，收工后吃了晚饭大家就当演员。导演让你笑你就咧嘴，让你哭你就流泪，谁都不许溜号。"

最终，作为国际上首部在南极拍摄的电视剧，《长城向南延伸》播出后收获了广泛反响，并荣获第十届全国优秀电视剧"飞天奖"特别奖。

时光流逝，2018年上映的电影《南极之恋》再次让人们的目光聚焦南极。作为全球第一部在南极拍摄的故事片，《南极之恋》在南极现场拍摄耗时28天，实景展现了南极纯粹的自然之美，以及电影工业的独特魅力，为观众带来了震撼的视觉效果。

相比之下，科普场馆、科普讲座、科学活动等是持续激发公众好奇心和求知欲的重要方式。

1997年，极地科普馆在中国极地研究所的指导下正式成立，馆名由时任上海市委副书记陈至立题写。该馆坐落于中国极地研究中心金桥院区内，集科普教育、文化交流与科研展示于一体。馆内包括极地各类展板、考察工具与用品、极地珍稀标本、考察装备模型、多媒体互动展览和极地现场连线装备等，尽显南北两极变幻迷人风韵的同时，深度展示了中国极地考察的历程和成就。

极地科普馆凭借其独特的科普价值和深远影响力，曾获得多个基地命名：全国科普教育基地、全国海洋科普教育基地、上海市科普教育基地、上海市浦东新区爱国主义教育基地、浦东新区海洋科普基地、同济大学学生素质教育基地等。这些荣誉不仅是对其科普工作的肯定，更是对其在推

◎ 中国极地考察40周年成果展在中国国家博物馆展出（陈瑜摄）

动极地科学普及、提升公众极地意识方面所作努力的认可。

如今，极地科普工作不断深入，一些致力于极地科考的单位也设立了极地科普馆，通过南极石、南极考察服等珍贵展品，生动讲述中国科学家在南极、北极的科学考察故事。

国家海洋局于2017年发布的《中国的南极事业》白皮书显示，我国已在国内11个城市建立了1个极地科普馆和10个极地科普基地。这些场馆定期开展公众开放、科普展览、知识竞赛、专题讲座等丰富多彩的极地科普宣传活动，有效推动了极地科学知识的普及。

与此同时，包括"雪龙"号、"雪龙2"号在内的中国极地科考船，不仅是中国南极考察的重要科研和运输平台，也是开展中国极地科普的重要载体。"雪龙"号曾到访过青岛、厦门、深圳等城市，也多次利用在澳大利亚和新西兰等地补给的机会，邀请当地市民登船，是名副其实的"极地大使"。

2010年，受深圳市政府邀请，执行中国第27次南极科学考察任务的"雪龙"号首次造访深圳，这也是"雪龙"号首次在母港之外的城市码头出发远征南极。船从上海出发，于 11 月 8 日停靠在深圳盐田港码头。11 月 9 日、10 日两天，"雪龙"号向深圳社会各界开放，开展一系列极地科普宣传教育活动。上千名参观者登船，零距离感受科考船的风采。但是深圳市民参观热情非常高，希望登船的人数远大于船舶的接待总数。深圳市政府只好组织若干大巴车，载着没能登船的市民在码头附近观看"雪龙"号。

2024 年 4 月 8 日至 12 日，我国第一艘自主建造的极地科考破冰船"雪龙 2"号展开为期 5 天的访港活动。此次"雪龙 2"号访港，香港市民有机会登船参观，近距离了解先进的极地科考设备。同时，考察队还组织了一系列科研和科普讲座等交流活动，进一步加深公众对我国极地科考事业的认知与理解。

由于种种原因，真正走进南极的交流机会确实稀缺，但教育工作者及社会团体一直在积极行动。北京大学附属小学的杨海蓝和上海大同中学的吴弘是同龄人中的幸运儿。在中国南极长城站建成次月，北京大学附属小学的少先队员曾提出在南极设立"中国少年标记"的设想。意外的是，该设想得到全国各地少先队员的热烈响应，师生共同创意、设计了"中国少年纪念标"。1986 年，杨海蓝和吴弘代表亿万少先队员和少年儿童赴南极参加了标记揭幕仪式。

30 年后，北京大学附属小学大队辅导员王丽萍再次策划了"红领巾奔向南极"活动，带领 4 名少先队员重返南极，学习极地科学知识，开展科学课题研究，切身体验南极生活，找寻 30 年前本校学姐在南极安放的"中国少年纪念标"，并留下中国少先队员在南极的新纪念。

2008 年，中挪两国政府举行了一项重要的交流活动，选拔 10 名"北极使者"前往挪威斯瓦尔巴群岛进行为期半月的科学考察生活。这 10 名幸运使者是从全国 3000 余名报名参赛的大学生中，经过多轮比赛脱颖而出的。他们在考察期间充分体验北极环境与生活，真切感受极地情怀，挑战自我极限，并带动更多中国青年人关注北极，关注全球气候变化，成为生态文明理念的传播者。

此外，他们前往中国北极黄河站，按照各自设计的课题进行探索性研究，内容涉及生物、物理、天文、地理、气候、人文等领域。他们还赴挪威斯瓦尔巴大学参加培训和交流，为中挪友好交流与合作增添力量。这一活动也被认为是为新一代极地考察研究储备人才。

相较于短暂的科普讲座或活动，科普图书则不受时间和场地的限制，且能够提供更全面、深入的知识体系，激发了不同群体对科学的好奇心和求知欲，吸引他们探秘未知。

这些年，众多参加过极地科考的队员们，利用图书的优势，将自己的亲身经历和宝贵知识编撰成书。例如，鄂栋臣的《极地征途：中国南极科考日记档案》展示了南极的神奇与奥妙，讲述了极地科考中的趣闻轶事；中国科学技术大学孙立广教授则面向不同的读者群体，出版了《南极100天》《趣南极》《风雪二十年：南极寻梦》等多部书籍。它们记录着历史，也启迪了无数青少年的梦想。

武汉大学2022级本科生朱圣鸿的测绘梦，就源于一本书。高考结束后，朱圣鸿随家长去沈阳旅游，在沈阳图书馆偶然读到武汉大学南极测绘研究中心研究生李航所著的《在南极的500天》，书中记叙了科考队员在南极越冬的轶事，以及纯净神圣的极地壮丽风光，这激发了朱圣鸿对南极的无限向往。那时，他暗下决心——要去武大，要去南极。

得知其高考成绩为675分、湖北省排名121位后，不少师长为他填报志愿出谋划策，然而朱圣鸿却坚持己见，坚定地填报武汉大学测绘学院，并且只报了这一个志愿。现在的他正向南极科考梦稳步迈进。

值得一提的是，科学探索永无止境，所谓"活到老，学到老"。航渡期间，中国极地科学考察队推出了多项有创意的项目与课程。2002年11月26日，在中国第19次南极科学考察中，在临近赤道的大洋上，"南极大学"诞生了。借助"南极大学"这个平台，南极科考队员互相学习，不断提高自身综合素质。

虽然尚处初创阶段，但"南极大学"的组织机构非常健全，校长由领队、临时党委书记魏文良担任，船长袁绍宏为副校长，还设有政治部主任、教务长和总务长等职务。课程内容也十分广泛，涵盖政治理论，南极科研动态、医学、航海与飞行常识，以及新闻采访和电视制作等。学校实行学分制，修足 10 个学分即发毕业证书，其中必修课需获得 7 个学分，选修课需获得 3 个学分。

在"南极大学"的首次开学典礼上，发生了两件有意思的事。首先，主讲教师主要从考察队员中产生，开学典礼当场就聘请了 20 余位队员任主讲教师。也就是说，这 20 余人既是教师又是学生，算是"南极大学"有别于其他大学的一大特点了。其次，在开学典礼上，校长还展示了"毕业证书"的样本：背景是南极冰区和"雪龙"号，右上角是南极考察队队徽图案，左上角是学员照片，下有校长的亲笔签名。这份特殊的"毕业证书"让每位队员看得心里痒痒的，恨不得立即得到。然而，要获得"毕业证书"并非易事，"南极大学"纪律严明，隔天开课，每堂课一个半小时，除值勤人员外，所有学员必须参加。

首期"南极大学"的第一堂课由时任领队魏文良主讲"邓小平理论和'三个代表'重要思想"。当时的随船记者环顾四周，惊讶地发现了这样一个细节：学员中居然有一个"老外"——罗马尼亚南极局的戴尔多。

◎ 颁发"南极大学"主讲教师聘书（中国极地研究中心）

◎《雪龙之声》刊影（魏文良供图）

他这次搭乘"雪龙"号去南极考察，自然不愿错过上"大学"深造的机会。

课间休息时，记者悄悄问身旁从事海冰研究的科学家李志军："您已经是教授了，怎么还来听课？"李教授说："每个人掌握的知识很有限，这次队员来自四面八方，各路人才聚集，去南极路途要两个月，正好是一个难得的学习机会。"

队员们很自豪地表示，首届"南极大学"等同于"黄埔一期"，他们期待未来会有更多的校友。

如今，"南极大学"已成为我国南极科学考察的一项保留项目，同时也是科考队丰富业余生活的重要部分。《雪龙之声》小报也为队员们提供了交流的平台，涉及大洋考察队的日常生活、科考任务、队员风貌等多个方面，是增强考察队凝聚力的重要园地，也是弘扬南极精神、展示中国极地考察事业的重要途径。

后　记

"找个机会，争取去趟南极！"2009年11月，纪念中国极地科学考察25周年大会在北京中国职工之家召开。因为涉及跑口记者调整，当时的科技日报社新闻中心副主任罗晖亲自把我送到会场，与国家海洋局、国家海洋局极地考察办公室相关人员做好交接，临走叮嘱了我这样一句话。

当时我才工作2年多，南极对我来说，太陌生、太遥远。在之后跑口中，我发现，不少跑口国家海洋局的记者同行都有参加南北极随船报道的经历。通过他们的讲述，我对极地有了更多认识，也对前往极地充满了向往。

2010年7月1日，中国第4次北极科学考察队从厦门启航。在临行前的欢送晚宴上，经中国第26次南极科学考察队队员、时任中国海洋报记者赵建东引荐，我认识了时任极地考察办公室党委书记魏文良。当我和魏书记表达想去南极的意愿时，性格爽朗的他当即表示欢迎，并告诉我中国第27次南极科学考察队正在组队，要去赶紧申请。听闻这个消息，我回京后便立即向领导汇报了此事。在时任社长张景安、总编辑陈泉涌、副总编辑刘亚东的亲自过问下，极地考察办公室破例同意给科技日报社一个名额。

但问题接踵而至，要想从南极及时发回报道，不能寄希望于船上的通信系统，得自己买通信装备，比如铱星、比干电话等，更重要的是，要购买昂贵的通信套餐。考虑到不仅要传输文字，还要发送图片，若按照半年时间计，那至少得几万元。为解决这个问题，当时的科技日报社新闻中心群策群力，最后由杨朝晖老师牵线，东阿阿胶同意冠名南极之行的专栏，报社通过专款专用的管理方式，扫除了我南极之行的最后障碍。所以，我曾开玩笑说，这是一趟"骑驴看唱本——走着瞧"的南极之旅。

因为这是科技日报社第一次派记者前往南极参加随船报道，报社对此高度重视。2010年10月底临出发前，报社同仁为我举行了简短却温馨的欢送会。事实上，第一次前往如此遥远的地方，我内心十分忐忑，一方面担心不能圆满完成报社交办的任务，另一方面也对未来近半年的生活充满担忧。很多我采访过的"老南极"听说我要去南极，给予了我很多帮助。比如中国极地研究中心原党委书记孙波赠予我不少书籍，现任中山大学测绘科学与技术学院院长程晓教授主动借给我铱星电话。

根据过来人的讲述，考察队配备了相对充足的物资，而且吃喝免费，但考虑到个人饮食习惯，我光吃的就准备了两大箱，加上相机、双备份电脑、比干电话等，行李一共有7大件，其中一件还是超大行李。

这些行李可苦坏了奉命为我送行的同事高博。高博和我年龄相当，我们是同一年进报社的，又一同留在了当时的新闻中心。我们前一天晚上9点从北京乘火车出发，第二天一大早抵达上海虹桥火车站后，打车前往中国极地研究中心金桥院区。到了中国极地研究中心金桥院区后，9点的班车已走，下一趟得等到下午2点。于是，我们决定自己打车去码头，但超大的行李箱占满了整个后备厢。可怜的高博抱着剩余几个行李箱蜷缩在后座。到达目的地后，他沿着窄窄的舷梯将我的箱子搬上位于5层的住舱。由于码头位置偏，为避免打不到车，他最后只能坐来时的出租车离开，都没留在船上吃个饭。从北京出发到第二天中午离开码头，他只喝了两瓶矿泉水，并且还感冒了。

在参加南极随船报道的142天里，我共发回70多篇文稿，总字数约8万字。鉴于通信条件的限制，通常我都是把稿件发到部门的公共邮箱，时任新闻中心值班主任张显峰（其于2012年获第十二届长江韬奋奖）则承担起从邮箱取稿、编稿的重任。张显峰为此付出了很多心血，为了确定一些表述，往往需要查阅大量资料。

如今再回首，我不得不感慨，此生能去南极，是因为贵人相助提供了宝贵的机会，也是因为有很多像罗主任、张主任、杨老师、高博这样无私可爱的同事做坚强的后盾。

这些年，很多人建议我把当年的稿件稍加整理后出版，但因为种种原因，我迟迟没有动手。直到2023年，中国第27次南极科学考察队领队、中国极地研究中心主任刘顺林问我，有没有兴趣写一本反映极地40年科学考察成就的书。刚好2021年我入选中宣部宣传思想文化系统青年英才，承担了国家文化英才培养工程专项资助项目。应该说，刘主任的一席话点燃了我内心深藏多年的想法。

我要特别感谢魏文良书记，中国第27次南极科学考察队副领队、国家海洋局极地考察办公室原副主任夏立民。两位深耕极地领域多年，作为本书专家顾问，不仅给我提出了宝贵的意见，还仔细核改了文稿。最后特别感谢魏文良书记不吝赐序，令本书增光不少。

感谢南极队友们。一次南极行、一生极地情，由于科考专业性强，在多年采访基础上，我补充采访了很多业内专家，其中有中国第27次南极科学考察队队友，也有素未谋面的"老南极"。因为共同的"极地科考队员"身份，他们在专业上给予我很多指导和帮助，丰富、深化了书稿内容。

感谢给予我大力支持的家人们。作为新闻部总监，我在日常工作中，需要和另一个部门副主任轮流值班。书稿的很多内容都是我在深夜处理完部门稿件后，熬夜写出来的。很多采访都是在不值班的那周出差完成的。感谢报社这个"大家庭"的理解，感谢家人们的鼎力支持，特别是两个年龄加起来20岁出头的孩子，她们正处于需要家长陪伴的年纪，当我分身乏术时，她们更多学会了自立自强，留给我更多可自己支配的时间。

感谢国家文化英才培养工程专项资助，感谢自然资源部办公厅、国家海洋局极地考察办公室、中国极地研究中心等单位的大力支持。感谢党校同学、上海世纪出版集团党委委员、副总裁李远涛牵线，感谢上海科技教育出版社编辑王洋的理解和支持，在她的不断"追稿"下，我终于交出了这份作业。

对我个人来说，南极之行打开了人生的另一扇窗。由此我结识了一批志同道合的极地人，也有了和更多海洋人同行的机会。2012年，作为唯一的科技媒体记者，我在马里亚纳海沟，现场见证了"蛟龙"号载人潜水器完成7000米级最大设计深度试验。

都说新闻是易碎品，但当我回看当年的稿件，有些当时不甚理解的事情到了今天好像有了答案。从这个角度来说，经过时间的沉淀，当新闻被写入历史，跨越时空同样具有价值。

应该说极地科考涉猎的学科特别庞杂，40年科考成果也涉及方方面面，本书选择的领域未必面面俱到，选取的成果重点考量了成果发表的期刊层次，辅以业内、同行评价。书稿在修订完善过程中，吸纳了最近的研究成果，并未局限于40年的时间节点。由于时间仓促，本书肯定存有不足之处，所挑选的领域与例证难免挂一漏万，还望大家多批评指正。

另外，本书中所有非作者本人成果或摄影作品的图片，均已标明出处，在此向所有慷慨提供图片的供图者表示感谢，正是大家的支持，本书才得以图文并茂，更加丰富、生动。

陈瑜

2025年4月写于北京

主要参考文献

1. 国家海洋局极地考察办公室. 中国极地考察事业大事记[Z]. 北京：国家海洋局极地考察办公室，1999.
2. 武衡，钱志宏. 当代中国的南极考察事业[M]. 北京：当代中国出版社，1994.
3. 武衡. 科技战线五十年[M]. 北京：科学技术文献出版社，1992.
4. 国家海洋局极地考察办公室. 中国南北极考察[M]. 北京：海洋出版社，2000.
5. 郭琨. 心系长城站[M]. 郑州：海燕出版社，2005.
6. 鄂栋臣. 极地征途：中国南极科考日记档案[M]. 北京：科学出版社，2018.
7. 刘小汉. 走进最后的处女地：我五次踏上了南极[M]. 广州：南方日报出版社，2001.
8. 刘小汉，琚宜太. 遥远的地平线：南极格罗夫山启示录[M]. 厦门：鹭江出版社，2014.
9. 孙立广. 风雪二十年：南极寻梦[M]. 杭州：浙江教育出版社，2018.
10. 颜其德. 足迹：从南开求学到极地圆梦[M]. 上海：上海人民出版社，2016.
11. 胡冀援. 远征东南极：中国首次东南极考察暨中山站建站

纪行[M].武汉：武汉测绘科技大学出版社，1992.

12. 秦大河，任贾文.南极冰川学[M].北京：科学出版社，2001.

13. 位梦华，胡领太.神奇的南极：南极属于谁[M].郑州：海燕出版社，1992.

14. 郭琨，张杰尧，高振生.神奇的南极：冰源科学城[M].郑州：海燕出版社，1992.

15. 张坤诚.神奇的南极：寒冷天地的生命[M].郑州：海燕出版社，1992.

16. 孙立广等.国家极地科技发展战略报告[M].北京：中国科学技术大学出版社，2017.

17. 刘小汉.从地幔到深空：南极陆地系统的科学[M].北京：海洋出版社，2018.

18. 孙立广.趣南极[M].合肥：安徽少年儿童出版社，2022.

19. 徐鸿儒.曾呈奎与中国海洋科学[M].济南：山东省地图出版社，1991.

20. 李占生.惊险与神奇的南极大陆[M].北京：新世界出版社，2009.

21. 李浩敏.古植物学家的南极之旅[M].上海：上海科学技术出版社，2011.

22. 张继民.聚焦南极[M].北京：社会科学文献出版社，2004.

23. 雷瑞波.在北冰洋漂流的日子[M].北京：海洋出版社，2020.

24. 王三礼，宋时磊，萧映.经纬冰穹：武汉大学极地科学考察故事[M].武汉：武汉大学出版社，2024.

25. 秦大河.大穿越：秦大河南极科考行记[M].北京：科学出版社，2024.